Colofon

Saage Media GmbH
c/o SpinLab – The HHL Accelerator
Spinnereistraße 7
04179 Leipzig, Germany
E-Mail: contact@SaageMedia.com
Web: www.SaageMedia.com
Commercial Register: Local Court Leipzig, HRB 42755 (Handelsregister: Amtsgericht Leipzig, HRB 42755)
Managing Director: Rico Saage (Geschäftsführer)
VAT ID Number: DE369527893 (USt-IdNr.)

Uitgever: Saage Media GmbH
Publicatie: 02.2025
Omslagontwerp: Saage Media GmbH
ISBN Paperback (nl): 978-3-384-52439-3
ISBN Ebook (nl): 978-3-384-52440-9

Juridisch / Kennisgevingen

Dit boek is vertaald uit het Duits. Afwijkingen van het origineel of vertaalfouten kunnen niet volledig worden uitgesloten. Alle in het boek genoemde bronnen zijn beschikbaar in het Engels. Wij aanvaarden geen aansprakelijkheid voor eventuele inhoudelijke onnauwkeurigheden of misverstanden die door de vertaling zijn ontstaan.
De gegevens in de diagrammen die niet expliciet zijn gemarkeerd met een bron zijn niet gebaseerd op studies maar zijn vrijblijvende aannames voor een betere visualisatie.
Dit boek is gemaakt met behulp van Kunstmatige Intelligentie (AI) en andere tools. Onder andere zijn er tools gebruikt voor onderzoek, schrijven/bewerken en het genereren van decoratieve illustraties. Ondanks controle kunnen fouten niet volledig worden uitgesloten. We willen benadrukken dat het gebruik van AI dient als ondersteunend hulpmiddel om onze lezers een kwalitatief hoogwaardige en inspirerende leeservaring te bieden.

De bronverwijzingen en citaten in dit boek zijn zorgvuldig onderzocht en in betekenis weergegeven. De interpretatie en presentatie van de geciteerde inhoud weerspiegelt de opvatting van de auteur en komt niet noodzakelijkerwijs overeen met de intentie of mening van de oorspronkelijke auteurs. Bij contextuele citaten zijn de kernuitspraken van de originele bronnen naar beste weten en geweten in de context van dit werk opgenomen, maar kunnen door de overdracht en vereenvoudiging afwijken van de oorspronkelijke formuleringen en betekenisnuances. Alle gebruikte bronnen zijn volledig vermeld in de literatuurlijst en kunnen daar in het origineel worden nagelezen. De verantwoordelijkheid voor de interpretatie en contextuele inbedding van de geciteerde inhoud ligt bij de auteur van dit boek. Voor wetenschappelijke vragen en gedetailleerde informatie wordt aanbevolen de originele bronnen te raadplegen. De auteur heeft zich ingespannen om complexe wetenschappelijke zaken begrijpelijk weer te geven. Daarbij kunnen vereenvoudigingen en generalisaties niet worden uitgesloten. Voor de technische juistheid en volledigheid van de vereenvoudigde presentaties kan geen garantie worden gegeven. De contextuele weergave van citaten en wetenschappelijke bevindingen gebeurt gewetensvol met inachtneming van het citaatrecht volgens § 51 van de Auteurswet en alle relevante auteursrechtelijke bepalingen van andere landen. Bij de vereenvoudiging, overdracht en eventuele vertaling van wetenschappelijke inhoud naar een algemeen begrijpelijke taal kunnen betekenisnuances en technische details verloren gaan. De auteur maakt geen aanspraak op de rechten van de geciteerde werken en respecteert alle auteursrechten van de oorspronkelijke auteurs. Mocht er ongeoorloofd gebruik worden vastgesteld, verzoekt de auteur om melding om passende maatregelen te kunnen nemen. Voor academische doeleinden en bij gebruik als wetenschappelijke referentie wordt uitdrukkelijk aanbevolen terug te grijpen naar de originele bronnen. De vereenvoudigde presentatie dient uitsluitend voor populairwetenschappelijke informatie.

De in deze atlas opgenomen astronomische gegevens, observatie-instructies en technische informatie zijn zorgvuldig onderzocht en samengesteld. Desondanks kunnen astronomische feiten, posities van hemellichamen en technische details sinds de drukgang zijn veranderd. Er kan geen garantie worden gegeven voor de actualiteit, juistheid en volledigheid van de verstrekte informatie. Het observeren van de nachtelijke hemel en het gebruik van astronomische apparatuur geschiedt op eigen risico. Voor schade die voortvloeit uit het toepassen van de beschreven technieken of door onjuiste hantering van telescopen en andere astronomische instrumenten, wordt geen aansprakelijkheid aanvaard. Alle gebruikte merken, productnamen en logo's van telescopen, astronomische apparatuur en softwareprogramma's zijn eigendom van hun respectieve rechthebbenden en worden hier alleen ter informatie genoemd. De sterrenkaarten, foto's en illustraties in dit werk zijn auteursrechtelijk beschermd. Elke vermenigvuldiging, bewerking of openbare weergave vereist de uitdrukkelijke schriftelijke toestemming. De bronvermeldingen van wetenschappelijke gegevens, onderzoeksresultaten en beeldmateriaal zijn te vinden in de bijlage van het boek. Deze atlas vervangt geen professionele astronomische opleiding of advies. Bij het plannen van complexe astronomische waarnemingen of de aankoop van hoogwaardige apparatuur raden wij aan om deskundigen of gekwalificeerde handelaren te raadplegen.

Bendis Saage

Heelal & Firmament: Atlas van de Ruimte voor Kinderen en Volwassenen

Een complete gids voor astronomie met verrekijker, van de hemel tot het universum - voor peuters tot tieners en volwassenen

32 Bronnen
44 Diagrammen
75 Afbeeldingen
7 Illustraties

Beste lezers,

wij danken u hartelijk dat u voor dit boek hebt gekozen. Met uw keuze heeft u ons niet alleen uw vertrouwen gegeven, maar ook een deel van uw kostbare tijd. Dat waarderen wij zeer.

De fascinerende nachtelijke hemel wekt sinds mensenheugenis de nieuwsgierigheid van de mens. Maar hoe vind je je weg in de schijnbaar eindeloze uitgestrektheid van het universum? Dit praktische handboek leidt systematisch door de basisprincipes van de hobbyastronomie - van het kiezen van de juiste telescoop tot het navigeren aan de sterrenhemel en het observeren van verre sterrenstelsels. Met nauwkeurige instructies, gedetailleerde sterrenkaarten en praktijkgerichte observatietips maakt het de verkenning van het heelal toegankelijk. De lezers leren om hemelobjecten veilig te identificeren, astronomische fenomenen te documenteren en de modernste digitale hulpmiddelen effectief in te zetten. Bijzondere aandacht gaat uit naar de stapsgewijze ontwikkeling van praktische observatievaardigheden. Een betrouwbare metgezel voor iedereen die meer wil leren over ons fascinerende universum en de nachtelijke hemel zelfstandig wil verkennen. Begin vandaag nog aan uw persoonlijke reis naar de sterren!

Deze gids biedt u begrijpelijke en praktische informatie over een complex onderwerp. Dankzij zelf ontwikkelde digitale tools die ook gebruik maken van neurale netwerken, konden we uitgebreid onderzoek doen. De inhoud is optimaal gestructureerd en ontwikkeld tot de definitieve versie om u een goed onderbouwd en gemakkelijk toegankelijk overzicht te bieden. Het resultaat: u krijgt een uitgebreid inzicht en profiteert van duidelijke uitleg en illustratieve voorbeelden. Ook het visuele ontwerp is geoptimaliseerd door deze geavanceerde methode zodat u de informatie snel kunt begrijpen en gebruiken.

Wij streven naar de hoogste nauwkeurigheid, maar zijn dankbaar voor elke aanwijzing van mogelijke fouten. Bezoek onze website om de laatste correcties en aanvullingen op dit boek te vinden. Deze zullen ook in toekomstige edities worden verwerkt.

We hopen dat u geniet van het lezen en nieuwe dingen ontdekt! Als u suggesties, kritiek of vragen heeft, kijken we uit naar uw feedback. Alleen door actieve uitwisseling met u, de lezers, kunnen toekomstige edities en werken nog beter worden. Blijf nieuwsgierig!

Bendis Saage

Saage Media GmbH - Team

- www.SaageBooks.com/nl
- support@saagemedia.com
- Spinnereistraße 7 - c/o SpinLab – The HHL Accelerator, 04179 Leipzig, Germany

Snelle toegang tot kennis

Om een optimale leeservaring te garanderen, willen we u vertrouwd maken met de belangrijkste kenmerken van dit boek:

- **Modulaire Structuur:** Elk hoofdstuk staat op zichzelf en kan onafhankelijk van de andere worden gelezen.
- **Grondig Onderzoek:** Alle hoofdstukken zijn gebaseerd op grondig onderzoek en worden ondersteund door wetenschappelijke referenties. De gegevens in de diagrammen dienen voor een betere visualisatie en zijn gebaseerd op aannames, niet op de gegevens uit de bronnen. Een uitgebreide lijst van bronnen en beeldcredits is te vinden in de bijlage.
- **Duidelijke Terminologie:** Onderstreepte technische termen worden uitgelegd in de verklarende woordenlijst.
- **Hoofdstuksamenvattingen:** Aan het einde van elk hoofdstuk vindt u beknopte samenvattingen die u een overzicht geven van de belangrijkste punten.
- **Concrete Aanbevelingen:** Elk subhoofdstuk wordt afgesloten met een lijst met specifieke adviezen om u te helpen het geleerde in de praktijk te brengen.

Extra bonusmateriaal op onze website

Op onze website zijn wij van plan de volgende exclusieve materialen ter beschikking te stellen:

- Bonusinhoud en extra hoofdstukken
- Een compact totaaloverzicht
- Een hoorspelversie. (In planning)

De website is momenteel nog in aanbouw.

www.SaageBooks.com/nl/ontdek_het_heelal-bonus-ROFHDB

Inhoudsopgave

- 3. Diepe ruimte
  - 3. 1 Sterrenstelsels observeren
    - De Melkweg verkennen
    - Andromeda vastleggen
    - Clusters van sterrenstelsels identificeren
  - 3. 2 Nevels documenteren
    - Emissienevels opsporen
    - Planetaire nevels vinden
    - Reflectienevels herkennen
  - 3. 3 Sterrenhopen analyseren
    - Open sterrenhopen in kaart brengen
    - Bolvormige sterrenhopen vastleggen
    - Meervoudige sterren observeren

- 4. Astrofysische fenomenen
  - 4. 1 Ruimtetijd begrijpen
    - Zwaartekrachteffecten observeren
    - Zwarte gaten aantonen
    - Materieverdeling analyseren
  - 4. 2 Kosmische straling
    - Stralingsbronnen lokaliseren
    - Energiepatronen herkennen
    - Deeltjesstromen meten
  - 4. 3 Universumstructuren
    - Donkere materie aantonen
    - Parallelle universums theoretisch vastleggen

1. Grondbeginselen van de astronomie

Wie in een heldere nacht naar de lucht kijkt, ziet meer dan alleen maar lichtgevende punten in de duisternis. De systematische observatie van de nachtelijke hemel opent een fascinerend venster naar verre werelden en kosmische fenomenen. Van de eenvoudige hemelobservatie met het blote oog tot het gebruik van moderne telescopen, heeft de kunst van astronomische observatie zich voortdurend ontwikkeld. Dit hoofdstuk biedt de basisgereedschappen voor de zelfstandige verkenning van het universum. Met deze kennis uitgerust, verandert de nachtelijke blik omhoog in een ontdekkingsreis door ruimte en tijd.

1. 1 Observatietechnieken

Succesvolle hemelobservaties vereisen meer dan alleen een goede telescoop of verrekijker. De keuze van de juiste locatie en het toepassen van effectieve observatietechnieken zijn cruciaal om het volledige potentieel van uw apparatuur te benutten. Lichtvervuiling, atmosferische verstoringen en ongunstige terreinformaties kunnen de zichtbaarheid van hemelobjecten aanzienlijk beïnvloeden. Dit gedeelte behandelt de uitdagingen en laat u zien hoe u deze kunt overwinnen om fascinerende inzichten in het universum te verkrijgen. Bereid u voor om uw astronomische observaties te optimaliseren en de wonderen van de nachtelijke hemel in al zijn pracht te ervaren.

De combinatie van geringe lichtvervuiling, rustige atmosferische omstandigheden en een vrij uitzicht op de horizon maximaliseert het observatiesucces.

Soorten telescopen en hun werking

Telescopen vergroten onze waarneming van het universum door verafgelegen licht te verzamelen en te bundelen. De twee hoofdtypen, Refractors en reflectoren, verschillen in hun werking. Refractors gebruiken lenzen om het licht te breken en in een brandpunt te verzamelen. Net zoals een vergrootglas het zonlicht bundelt, focust de objectieflens van een refractor het licht van de sterren. Reflectoren daarentegen maken gebruik van spiegels. Een holle spiegel, de hoofdspegel, vangt het licht op en reflecteert het naar een kleinere secundaire spiegel, die het licht vervolgens naar de oculair leidt. De keuze van het type telescoop hangt af van verschillende factoren, zoals het te observeren object en het budget. Voor het observeren van planeten en de maan zijn refractors vanwege hun scherpe afbeeldingsprestaties goed geschikt. Wilt u echter lichtzwakke Deep-Sky-objecten, zoals sterrenstelsels of nevels, observeren, dan is een reflector met een grotere opening de betere keuze, omdat deze meer licht verzamelt. Naast deze twee hoofdtypen zijn er andere varianten, zoals de katadioptrische telescoop. Deze telescopen combineren lenzen en spiegels om een compacte constructie met een hoge brandpuntsafstand te bereiken. Een voorbeeld hiervan zijn Schmidt-Cassegrain-telescopen, die vaak door amateurastronomen worden gebruikt omdat ze draagbaar zijn en tegelijkertijd goede prestaties bieden. Een belangrijke factor voor de prestaties van een telescoop is de diameter van de opening – hoe groter de opening, hoe meer licht de telescoop verzamelt en hoe lichtzwakkere objecten zichtbaar worden. De opening wordt in millimeters of inches aangegeven. Een telescoop met een opening van 200 mm verzamelt aanzienlijk meer licht dan een met 100 mm en maakt zo de observatie van lichtzwakkere sterren en sterrenstelsels mogelijk. De vergroting van een telescoop is het resultaat van de verhouding van de brandpuntsafstand van de telescoop tot de brandpuntsafstand van het oculair. Door het wisselen van het oculair kan de vergroting worden aangepast. Een hoge vergroting is niet altijd voordelig, omdat deze het beeld donkerder en onscherper kan maken, vooral bij slechte zichtomstandigheden. Let bij de aankoop van een telescoop dus niet alleen op de maximale vergroting, maar ook op de kwaliteit van de optiek en de stabiliteit van de montering. Een stabiele montering is essentieel om een trillingsvrij beeld te waarborgen, vooral bij hoge vergrotingen. Er zijn verschillende types montering, zoals de azimutale montering, die zich horizontaal en verticaal kan bewegen, en de parallactische montering, die op de hemelpool is gericht en de schijnbare draaiing van de hemel kan compenseren. De keuze van de montering hangt af van het type observatie en de persoonlijke voorkeuren. De prestaties van een telescoop worden ook beïnvloed door atmosferische omstandigheden. Turbulentie in de atmosfeer kan het beeld onscherp maken, een fenomeen dat bekend staat als seeing. Een locatie met weinig lichtvervuiling en rustige lucht verbetert de observatieomstandigheden aanzienlijk. Als u vanuit een stedelijk gebied observeert, kunt u de effecten van lichtvervuiling verminderen door gebruik te maken van filters. Deze filters blokkeren bepaalde golflengten van licht die van kunstmatige lichtbronnen komen en laten het licht van de sterren door. De keuze van de juiste telescoop hangt dus af van verschillende factoren, waaronder de gewenste observatieobjecten, het budget en de observatieomstandigheden. Informeer u grondig over de verschillende types telescopen en hun voor- en nadelen voordat u een aankoop doet. Bezoek, indien mogelijk, een sterrenwacht of een astronomievereniging om verschillende telescopen uit te proberen en advies te krijgen van ervaren amateurastronomen. Een telescoop met een grotere opening verzamelt meer licht en maakt zo de observatie van lichtzwakkere objecten mogelijk. De keuze van de montering beïnvloedt de stabiliteit en gebruiksvriendelijkheid van de telescoop.

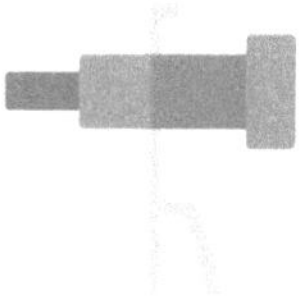

Goed om te weten

Azimutale montering

Een azimutale montering staat horizontale en verticale bewegingen van de telescoop toe. Het is eenvoudig te gebruiken, maar minder geschikt voor langdurige observatie of astrofotografie.

Deep-Sky-objecten

Deep-Sky-objecten zijn hemelobjecten buiten ons zonnestelsel, zoals sterrenstelsels, nevels en sterrenhopen. Ze zijn vaak lichtzwak en vereisen telescopen met een grotere opening voor observatie.

Katadioptrische telescoop

Katadioptrische telescopen, zoals Schmidt-Cassegrain-systemen, combineren lenzen en spiegels. Ze bieden een compacte constructie en een hoge brandpuntsafstand, wat ze ideaal maakt voor astrofotografie.

Lichtvervuiling

Lichtvervuiling ontstaat door kunstmatig licht en beïnvloedt de zichtbaarheid van hemelobjecten. Donkere locaties ver van steden bieden betere observatieomstandigheden.

Parallactische montering

Een parallactische montering is op de hemelpool gericht en kan de aardrotatie compenseren. Dit maakt het eenvoudig om hemelobjecten te volgen en is ideaal voor astrofotografie.

Vergelijking van lichtsterkte

Vergelijking van de lichtverzamelcapaciteit

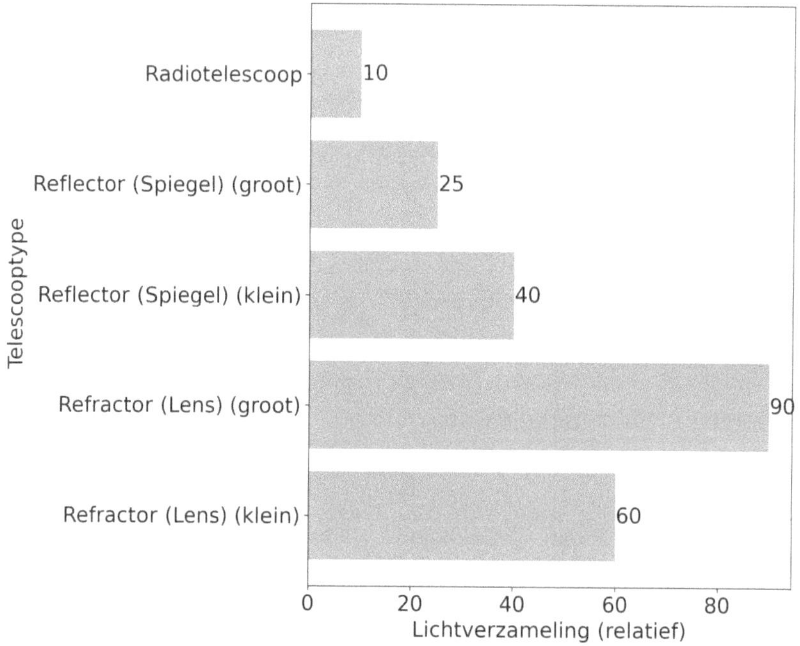

RAD: Radiotelescoop

RERg: Reflector (Spiegel) (groot)

RSP: Reflector (Spiegel) (klein)

REF: Refractor (Lens) (klein)

RERk: Refractor (Lens) (groot)

Het horizontale staafdiagram illustreert de relatieve lichtverzamelcapaciteit van verschillende telescooptypes. Spiegeltelescopen, met name grote, vertonen een aanzienlijk hogere prestatie dan lenzentelescopen van vergelijkbare grootte. Dit komt door de grotere mogelijke opening van spiegeltelescopen. Radiotelescopen verzamelen weliswaar ook elektromagnetische straling, maar in het radiogolfbereik en hun 'lichtverzamelcapaciteit' is anders te interpreteren en daarom niet direct vergelijkbaar.

Verrekijker-astronomie voor beginners

Verrekijkers bieden een uitstekende instap in de hemelobservatie, zonder de complexiteit en kosten van een telescoop. Zelfs met een eenvoudig model kunnen fascinerende details aan de nachtelijke hemel worden ontdekt. De keuze van de juiste verrekijker hangt af van factoren zoals vergroting, objectiefdiameter en gewicht. Deze drie waarden worden meestal op de verrekijker aangegeven, bijvoorbeeld als 7x50. Het eerste getal (7) staat voor de zevenvoudige vergroting, het tweede (50) voor de diameter van de objectieflenzen in millimeters. Een grotere objectiefdiameter betekent meer lichtinval en dus helderdere beelden, wat vooral nuttig is voor het observeren van lichtzwakke objecten zoals sterrenhopen of nevels. Echter, met de diameter neemt ook het gewicht toe, wat het hanteren zonder statief bemoeilijkt. Voor langere observaties is een statief aan te raden om een stabiel beeld te waarborgen. Een verrekijker met 10x50 biedt weliswaar een sterkere vergroting, maar kan handmatig snel leiden tot een bewogen beeld. De schijnbare helderheid van een ster wordt aangegeven door zijn magnitude. Hoe kleiner deze waarde, hoe helderder de ster. Met een verrekijker kunnen sterren worden waargenomen die met het blote oog niet zichtbaar zijn. De Orionnevel, een emissienevel in het sterrenbeeld Orion, is een indrukwekkend voorbeeld van een object dat goed met een verrekijker kan worden waargenomen. Hij verschijnt als een vage vlek, waarin bij goede omstandigheden zelfs structuren zichtbaar zijn. Ook open sterrenhopen, dus losse groeperingen van sterren, bieden een mooi uitzicht door de verrekijker. De Pleiaden, ook bekend als het Zevengesternte, zijn zo'n sterrenhoop die al met het blote oog goed te zien is, maar in de verrekijker zijn ware pracht onthult. De afzonderlijke sterren van de hoop worden duidelijk zichtbaar en bieden een fonkelend panorama. Om hemelobjecten gemakkelijker te vinden, gebruikt u sterrenkaarten of astronomie-apps. Deze helpen u om u aan de nachtelijke hemel te oriënteren en de positie van planeten, sterrenbeelden en andere interessante objecten te bepalen. De schijnbare beweging van het hemelgewelf door de rotatie van de aarde vereist het bijhouden van de verrekijker, vooral bij hogere vergrotingen. Een draaibare sterrenkaart, die kan worden ingesteld op datum en tijd, is een nuttig hulpmiddel voor de oriëntatie. Deze toont het huidige hemelbeeld en vergemakkelijkt het vinden van objecten. Naast sterrenkaarten bieden astronomie-apps voor smartphones en tablets extra functies zoals augmented reality. Deze apps overlappen het camerabeeld met informatie over de zichtbare hemelobjecten, door uw smartphone eenvoudig op de lucht te richten. Ze bieden vaak ook gedetailleerde informatie over de objecten, hun geschiedenis en eigenschappen. Zo kunt u tijdens de observatie direct meer leren over de waargenomen objecten. Let bij het gebruik van apps op een nachtmodus met rode verlichting om uw donkeradaptatie te behouden. De aanpassing van de ogen aan de duisternis duurt ongeveer 20 minuten en stelt u in staat om veel meer sterren en details waar te nemen. Helder, wit licht verstoort deze aanpassing en vermindert de zichtbaarheid. De keuze van de observatielocatie beïnvloedt de kwaliteit van de hemelobservatie. Locaties met weinig lichtverschmutzung, ver weg van stedelijke gebieden, bieden de beste omstandigheden. Hier is de hemelachtergrond donkerder, waardoor lichtzwakke objecten beter zichtbaar worden. Ook de atmosferische omstandigheden, zoals luchtvochtigheid en luchtverstoringen, beïnvloeden het zicht. Heldere, droge nachten met rustige lucht bieden de beste voorwaarden voor gedetailleerde observaties. Informeer naar de weersvoorspelling en de maanfase. Een heldere maan kan de observatie van lichtzwakke objecten verstoren. Kies daarom indien mogelijk nachten met een nieuwe maan of afnemende maan voor de deep-sky-observatie. Verrekijkers zijn veelzijdige instrumenten voor de astronomie en bieden een goede instap in de wereld van de hemelobservatie. Met enige oefening en de juiste hulpmiddelen kunt u fascinerende inzichten in het universum verkrijgen. Van de gedetailleerde beschouwing van de maan tot het observeren van planeten en lichtzwakke deepskyobjekte, verrekijkers

bieden een breed scala aan observatiemogelijkheden. De combinatie van eenvoudige bediening, mobiliteit en betaalbare prijs maakt ze tot ideale metgezellen voor iedereen die de nachtelijke hemel wil verkennen.

Deepsky-objecten [i1]

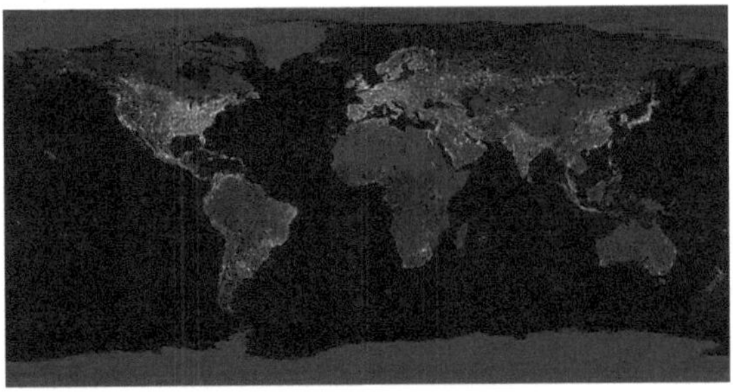

Lichtvervuiling [i2]

Open sterrenhoop [i3]

Goed om te weten

Augmented Reality

Augmented Reality (verruimde realiteit) is een technologie die de echte wereld overlapt met computergegenereerde informatie. In de astronomie kan het worden gebruikt om sterrenkaarten en informatie over hemelobjecten direct in het gezichtsveld van de waarnemer te tonen.

Emissienevel

Emissienevels zijn gaswolken die door de straling van nabijgelegen sterren tot licht worden aangemoedigd. De energierijke straling ioniseert het gas, dat dan bij het terugvallen in een lagere energietoestand licht in verschillende golflengten uitzendt, waardoor de kleurrijke kleuren ontstaan die we kunnen observeren.

Open sterrenhopen

Open sterrenhopen zijn groepen van sterren die door de zwaartekracht losjes aan elkaar zijn gebonden. Ze ontstaan uit dezelfde gaswolk en bevatten vaak honderden of duizenden sterren. In tegenstelling tot bolhopen zijn ze minder dicht gepakt en bevinden ze zich meestal in de spiraalarms van sterrenstelsels.

Doelen voor beginnende verrekijkerastronomie

Verdeling van hemellichamen geschikt voor beginnende verrekijkerastronomie.

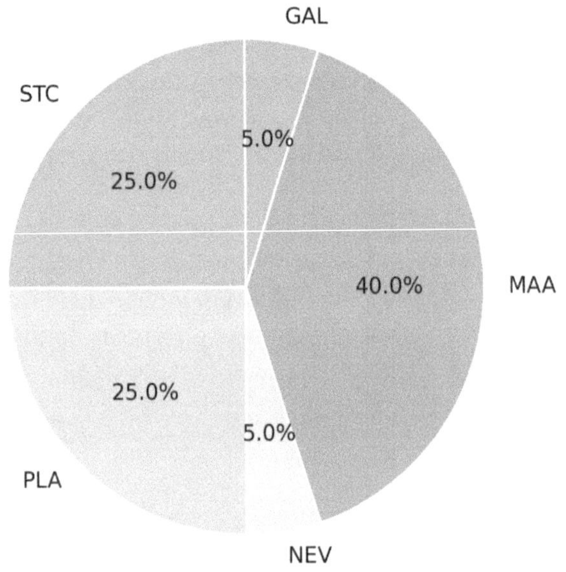

GAL: Sterrenstelsels (bijv. Andromedastelsel)

MAA: De Maan

NEV: Nevels (bijv. Orionnevel)

PLA: Planeten (Venus, Mars, Jupiter, Saturnus)

STC: Sterrenhopen (bijv. Pleiaden, Hyaden)

De maan domineert als doelwit vanwege zijn helderheid en detailzichtbaarheid, gevolgd door sterrenhopen en heldere planeten die lonende uitzichten bieden voor beginners met een verrekijker. Hoewel nevels en sterrenstelsels zichtbaar zijn, maakt hun zwakheid ze minder ideale eerste doelen met een verrekijker. Deze verdeling suggereert dat je je richt op de maan, planeten en sterrenhopen voor vroege verrekijkerastronomie-ervaringen.

Optimale observatielocaties

De keuze van de observatielocatie beïnvloedt aanzienlijk het succes van een hemelobservatie. Drie factoren zijn daarbij cruciaal: Lichtvervuiling, atmosferische omstandigheden en de terreinvorm. Stedelijk omgevingslicht overschaduwt lichtzwakke hemelobjecten en vermindert het contrast. Zoek daarom locaties ver weg van nederzettingen om een zo donker mogelijke hemelachtergrond te verkrijgen. Websites en apps bieden kaarten voor lichtvervuiling die helpen bij het zoeken naar locaties. Een dergelijke kaart kan u bijvoorbeeld de weg wijzen naar een geschikte observatielocatie in uw regio. Naast lichtvervuiling spelen de atmosferische omstandigheden een belangrijke rol. Turbulentie in de lucht, het zogenaamde seeing, veroorzaakt een flikkering van de sterren en vermindert de beeldscherpte. Rustige luchtmassa's, die vaak op grotere hoogte en boven wateren te vinden zijn, bieden betere omstandigheden. Een wolkenloze hemel is vanzelfsprekend een vereiste voor elke hemelobservatie. Informeer naar de weersvoorspelling om heldere nachten te benutten. Ook de terreinvorm van de

observatielocatie is relevant. Een vrije horizon zonder storende bomen of gebouwen maakt een onbelemmerd uitzicht op de hemel mogelijk. Bergruggen of heuvels kunnen hier voordelig zijn. De combinatie van deze drie factoren – geringe lichtvervuiling, rustige atmosferische omstandigheden en een vrije horizon – verhoogt de kans op een succesvolle observatie. De analyse van multi-temporale data, vergelijkbaar met wat in de archeologie wordt gebruikt om de zichtbaarheid van kenmerken te verbeteren, zou ook in de astronomie kunnen worden gebruikt om de keuze van de locatie te optimaliseren. Door gegevens over lichtvervuiling, seeing en weer over een langere periode te combineren, zouden bijzonder gunstige observatieomstandigheden kunnen worden geïdentificeerd.

Goed om te weten

Lichtvervuiling

De opheldering van de nachtelijke hemel door kunstmatige lichtbronnen, die de observatie van lichtzwakke hemelobjecten bemoeilijkt. Door de verstrooiing van licht in de atmosfeer ontstaat een kunstmatige hemelverlichting die het contrast tussen hemelobjecten en achtergrond vermindert.

Multi-temporale data

Gegevens die dezelfde locatie op verschillende tijdstippen vastleggen en zo veranderingen in de tijd zichtbaar maken. In de astronomie kunnen multi-temporale gegevens worden gebruikt om bijvoorbeeld de lichtvervuiling of het seeing over een langere periode te analyseren en zo optimale observatieomstandigheden te identificeren.

Atmosferische extinctie vs. hoogte

Correlatie tussen waarnemingshoogte en atmosferische extinctie.

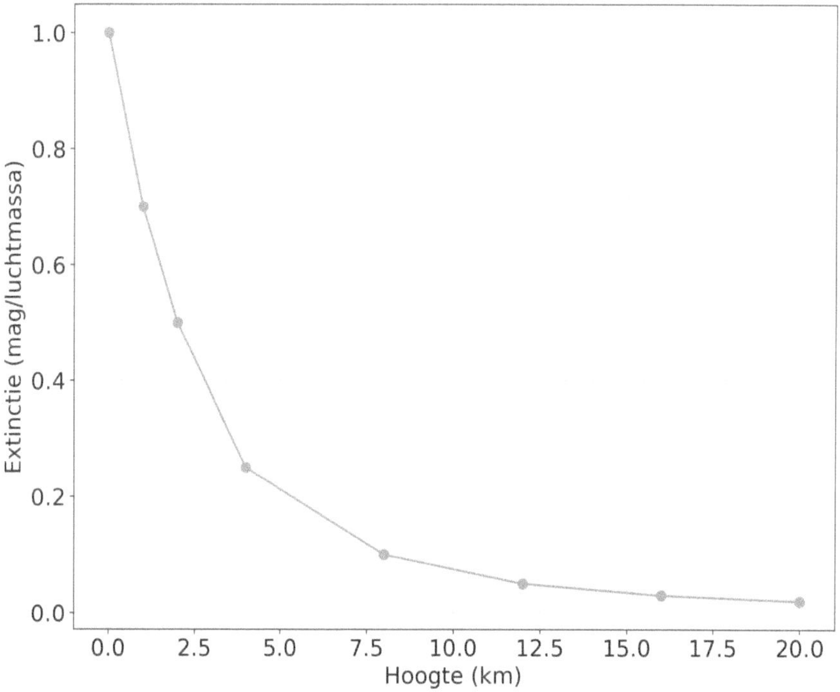

Hogere hoogtes verminderen atmosferische interferentie aanzienlijk, wat leidt tot verbeterde zichtbaarheid en helderdere hemelwaarnemingen. Het afnemende effect wordt minder uitgesproken boven een bepaalde hoogte, wat suggereert dat er een punt van afnemende meeropbrengst is voor grondgebonden observatoria.

Concrete adviezen

- Volg de loop van de zon over meerdere dagen en noteer zijn positie op vaste tijdstippen.
- Bouw een eenvoudige zonnewijzer en vergelijk de tijdmeting met een traditionele klok.
- Documenteer de maanfases gedurende een maand door het zichtbare deel van de maan te tekenen of te fotograferen.
- Observeer de helderheidsverschillen van sterren en probeer deze in helderheidsniveaus in te delen.
- Vergelijk de zichtbaarheid van sterren in de stad en op het platteland om de invloed van lichtvervuiling te herkennen.
- Gebruik een verrekijker om sterrenbeelden te identificeren en hun vorm te schetsen.
- Zoek naar vrij toegankelijke sterrenwachten of astronomieverenigingen in uw omgeving en neem deel aan observatieavonden.
- Experimenteer met verschillende filters op uw telescoop of verrekijker en observeer hun effecten op de zichtbaarheid van hemellichamen.
- Maak een observatieprotocol waarin u datum, tijd, observatielocatie, instrument en waargenomen objecten vastlegt.
- Fotografeer de nachtelijke hemel met lange belichtingstijden om de beweging van de sterren vast te leggen.
- Volg de baan van een planeet over meerdere weken en teken zijn positie ten opzichte van de sterren op.
- Bepaal de hemelrichting met behulp van de poolster en controleer uw resultaten met een kompas.
- Bouw een eenvoudig model van het zonnestelsel om de verhoudingen en afstanden van de planeten te illustreren.

1. 2 Oriëntatie aan de nachtelijke hemel

De oriëntatie aan de nachtelijke hemel is essentieel voor astronomische observatie en stelt ons in staat een dieper begrip van het universum te ontwikkelen. Het omvat het bepalen van de windrichtingen, het herkennen van sterrenbeelden en het nauwkeurig lokaliseren van hemellichamen. Atmosferische invloeden en de schijnbare beweging van de sterren vormen daarbij uitdagingen. Dit hoofdstuk biedt de basisprincipes om deze uitdagingen te overwinnen en je te oriënteren in de nachtelijke sterrenzee. Ontdek de fascinerende navigatiemogelijkheden voorbij aardse herkenningspunten.

De hoogte van de Poolster boven de horizon komt overeen met de geografische breedte van de waarnemer.

Hemelrichtingen bepalen

De bepaling van de hemelrichtingen is overdag mogelijk met behulp van de zon. De zon beweegt van oost naar west, waarbij haar positie rond het middaguur in het zuiden haar hoogste punt bereikt (op het noordelijk halfrond) [s1]. Dit punt kan worden gebruikt om de noordrichting te bepalen. Een rechtop in de grond gestoken stok werpt gedurende de dag een schaduw, waarvan de kortste lengte rond het middaguur wordt bereikt en naar het noorden wijst [s1]. Dit kan worden vergeleken met een zonneschaduwplaat, die vroeger voor navigatie werd gebruikt [s1].
' s Nachts biedt de Melkweg (MW) een mogelijkheid voor oriëntatie. Ze strekt zich als een heldere band over de hemel en vertoont een lichtintensiteitsgradient [s2]. Deze gradient loopt van noord naar zuid, zodat door het vergelijken van de lichtintensiteit in verschillende gebieden van de MW een ruwe noord-zuidoriëntatie mogelijk is [s2]. Net als nachtactieve mestkevers, die de MW gebruiken voor oriëntatie, kan ook de mens dit hemellichaam als een kortetermijnreferentiepunt gebruiken [s2]. De MW fungeert echter niet als een nauwkeurige kompas, maar geeft een algemene richting aan [s2]. Bovendien kunnen de sterren worden gebruikt om de hemelrichtingen en de eigen positie te bepalen. Met een hoekmeetinstrument kan de hoek tussen een ster en de horizon worden bepaald [s3]. In combinatie met de kennis van de huidige tijd en datum kan de positie worden berekend. Vroeger was deze methode bijzonder belangrijk voor navigatie op zee [s3]. Moderne technieken voor sterrenvolging bereiken hoge nauwkeurigheden, maar worden beïnvloed door atmosferische invloeden [s3]. Het is belangrijk op te merken dat de schijnbare positie van de sterren door atmosferische effecten kan worden beïnvloed [s3]. De hoogte van een ster boven de

Melkweg [i4]

horizon levert een zogenaamde 'positie-lijn' op [s4]. Wanneer de hoogtehoeken van meerdere sterren worden gemeten, snijden de resulterende positie-lijnen zich op de locatie van de waarnemer [s4]. Deze methode, gecombineerd met moderne technologieën zoals het houding- en koersreferentiesysteem (AHRS), maakt positionering mogelijk zonder GPS [s4]. Door een volledige draai om de kompasrichting en het middelen van de positiedata kunnen onnauwkeurigheden in het systeem worden gecompenseerd [s4].

Sextant [i5]

Zonnewijzer [i6]

Houding- en koersreferentiesysteem

AHRS (Attitude and Heading Reference System) zijn systemen die informatie leveren over de oriëntatie en beweging van een object in de ruimte. Ze combineren sensoren zoals gyroscopen, versnellingsmeters en magnetometers om nauwkeurige gegevens over houding, koers en draaisnelheid te verkrijgen. In de context van de astronomie kunnen AHRS-systemen in telescopen worden gebruikt om de nauwkeurige uitlijning op hemelobjecten te waarborgen en de effecten van bewegingen en trillingen te compenseren.

Melkweg

De Melkweg is onze thuisgalaxie, een spiraalvormige verzameling van miljarden sterren, gas en stof. In heldere, donkere nachten verschijnt ze als een heldere band aan de hemel.

Methoden voor nachtelijke hemeloriëntatie

Verdeling van hemelnavigatietechnieken.

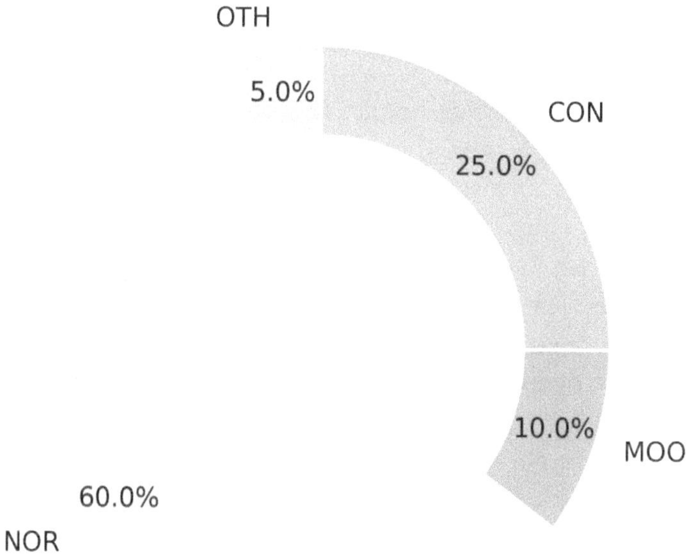

CON: Sterrenbeelden

NOR: Poolster

MOO: Maanpositie

OTH: Andere methoden (bijv. Zuiderkruis, elektronische apparaten)

De Poolstermethode wordt overwegend gebruikt voor oriëntatie, wat de betrouwbaarheid en het gebruiksgemak benadrukt. Hoewel andere methoden zoals constellatieherkenning en de positie van de maan aanvullende benaderingen bieden, worden ze minder vaak gebruikt, mogelijk omdat ze meer geavanceerde kennis vereisen of minder precisie bieden.

Sterrenbeelden herkennen

Sterrenbeelden bieden een betrouwbare methode voor oriëntatie aan de nachtelijke hemel. Ze bestaan uit een groep sterren die schijnbaar vaste patronen vormen en zich door de rotatie van de aarde gezamenlijk over de hemel bewegen [s5]. Deze beweging verloopt van oost naar west, vergelijkbaar met de zonbaan, maar het exacte pad varieert afhankelijk van de geografische breedte van de waarnemer en het seizoen [s5]. Om een sterrenbeeld te identificeren, is het nuttig om eerst bekende sterrenbeelden zoals de Grote Beer te lokaliseren. Vanuit de Grote Beer kan men door denkbeeldige lijnen naar andere sterrenbeelden navigeren. De twee achterste sterren van de "doosvorm" van de Grote Beer wijzen naar de Poolster, die zich aan het noordelijke uiteinde van de aardas bevindt. De Poolster maakt deel uit van de Kleine Beer en markeert de noordelijke richting. Kennis van de positie van de Poolster vergemakkelijkt de bepaling van de andere windrichtingen. Een praktische tip voor oriëntatie aan de hand van sterrenbeelden is het gebruik van een draaibare sterrenkaart. Deze kaarten tonen de zichtbare sterrenhemel voor een bepaald tijdstip en een bepaalde geografische breedte. Door de kaart te draaien kan het huidige hemelbeeld worden ingesteld, wat de identificatie van sterrenbeelden aanzienlijk vergemakkelijkt. Naast gedrukte sterrenkaarten zijn er ook talrijke apps voor smartphones en tablets die de sterrenhemel in real-time weergeven en helpen bij de identificatie van hemellichamen. Zo kunnen sterrenbeelden ook zonder voorkennis snel en eenvoudig aan de nachtelijke hemel worden gevonden. Het vermogen om sterrenbeelden te herkennen en hun bewegingspatronen te begrijpen, verbetert niet alleen de oriëntatie aan de nachtelijke hemel, maar maakt ook een dieper begrip van de hemelmechanica en de relatie tussen de aarde en de kosmos mogelijk.

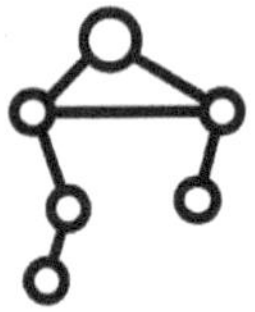

Sterrenmagnitude en Positie in Grote Beer

Visualisatie van de helderheid en locatie van de belangrijkste sterren in Grote Beer.

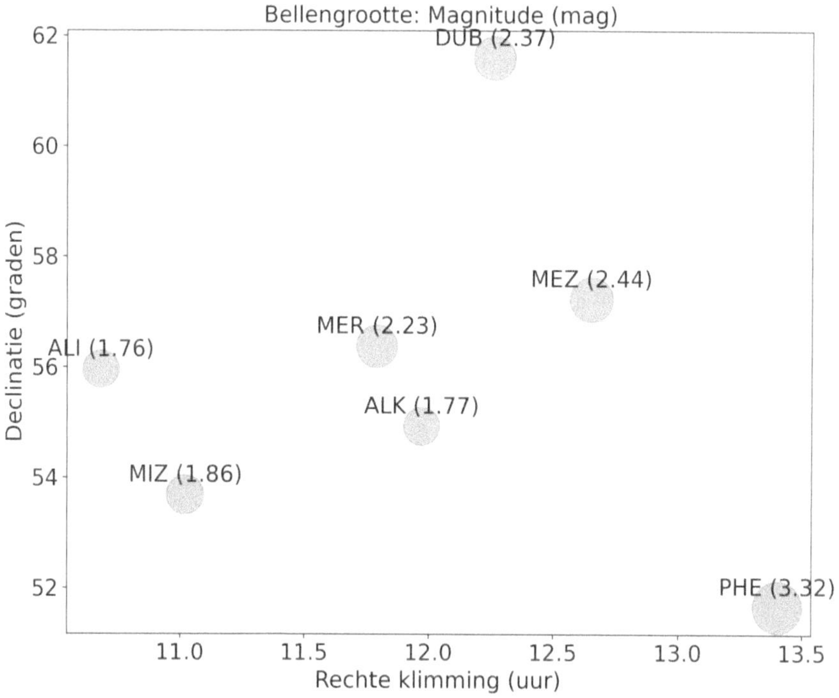

Blasengröße: Magnitude (mag)

ALI: Alioth	ALK: Alkaid
DUB: Dubhe	MER: Merak
MEZ: Megrez	MIZ: Mizar
PHE: Phekda	

Het bellendiagram onthult een variërende verdeling van sterhelderheid binnen Grote Beer. Grotere bellen duiden op een hogere magnitude (helderdere sterren), terwijl hun positie hun relatieve locatie binnen het sterrenbeeld aangeeft. Alioth valt op als bijzonder helder. De visualisatie helpt de prominentie van verschillende sterren bij het vormen van het herkenbare Steelpannetje-asterisme te begrijpen.

Firmament in kaart brengen

Het in kaart brengen van het firmament helpt om je aan de nachtelijke hemel te oriënteren en de positie van hemellichamen te bepalen. Net als bij navigatie op aarde, worden ook aan de hemel coördinatensystemen gebruikt. Een dergelijk systeem is het equatoriaal coördinatensysteem, dat is gebaseerd op de projectie van de aardse evenaar en de aardpolen in de lucht. In plaats van lengtegraden en breedtegraden spreekt men hier van rechtascensie en declinatie. De rechtascensie, analoog aan de lengtegraden, wordt uitgedrukt in uren, minuten en seconden en meet de hoek langs de hemel evenaar oostwaarts vanaf het lente-punt. De declinatie, analoog aan de breedtegraden, wordt gemeten in graden en geeft de hoek ten noorden of zuiden van de hemel evenaar aan [s6]. Met dit systeem kunnen sterren en andere objecten nauwkeurig aan de hemel worden gelokaliseerd, zoals met een stadskaart die de positie van gebouwen aan de hand van straten en huisnummers aangeeft. De kennis van de eigen locatie speelt een belangrijke rol bij het in kaart brengen van het firmament. De geografische breedte van de waarnemer beïnvloedt welke hemellichamen zichtbaar zijn [s6]. Op de Noordpool zijn bijvoorbeeld alle sterren ten noorden van de hemel evenaar zirkumpolair, wat betekent dat ze nooit ondergaan. Bij de evenaar daarentegen gaan alle sterren gedurende de nacht op en onder. De zirkumpolaire sterren en sterrenbeelden bieden navigatiemogelijkheden, omdat ze altijd zichtbaar zijn en hun positie ten opzichte van de horizon de richting aangeeft [s6]. Zoals bij navigatie op zee, waar herkenningspunten helpen om de koers te behouden, bieden zirkumpolaire sterren een vast referentiepunt aan de nachtelijke hemel. Door de hoogte van de Poolster boven de horizon te bepalen, kan men direct de eigen geografische breedte vaststellen [s6]. Deze methode was in het verleden essentieel voor zeelieden om hun positie op open zee te bepalen. Naast de coördinaten en de geografische breedte zijn sterrenkaarten en astronomische software nuttige hulpmiddelen voor het in kaart brengen van het firmament. Sterrenkaarten tonen de positie van sterren en sterrenbeelden voor een bepaald tijdstip en locatie. Moderne planetariumsoftware biedt een dynamische weergave van de hemel en maakt het mogelijk om de beweging van hemellichamen te simuleren en bepaalde gebeurtenissen zoals zonsverduisteringen of komeetverschijningen te voorspellen. Men kan ze beschouwen als interactieve globes die niet alleen de aarde, maar het gehele zichtbare universum in kaart brengen.

Circumpolair [i7]

Astronomische software

Computerprogramma's die een dynamische weergave van de hemel bieden en het mogelijk maken om de beweging van hemellichamen te simuleren en astronomische gebeurtenissen te voorspellen.

Equatoriaal coördinatensysteem

Een coördinatensysteem dat is gebaseerd op de projectie van de aardse evenaar in de lucht en de positie van hemellichamen bepaalt met behulp van rechtascensie en declinatie.

Geografische breedte

De hoekafstand van een plaats ten opzichte van de evenaar, gemeten in graden ten noorden of zuiden. Het beïnvloedt welke hemellichamen vanaf een bepaalde locatie zichtbaar zijn.

Hemellichamen

Natuurlijke objecten in de ruimte, zoals sterren, planeten, manen, asteroïden en kometen.

Lente-punt

Het punt op de hemel evenaar waar de zon zich bevindt tijdens de lente-equinox. Het dient als nulpunt voor de rechtascensie.

Zirkumpolar

Verwijst naar sterren of sterrenbeelden die zich dicht bij de hemelpool bevinden en daarom vanaf een bepaalde locatie nooit ondergaan.

Verdeling van hemellichamen

Verdeling van hemellichamen op basis van rechte klimming en declinatie.

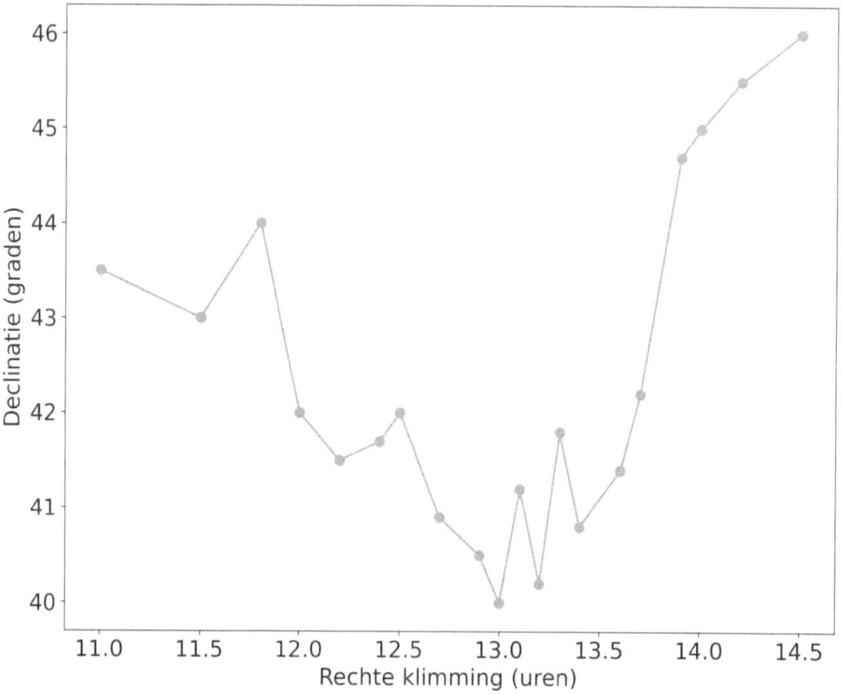

Deze grafiek visualiseert de verdeling van hemellichamen over een deel van de hemel. De concentratie van punten suggereert een mogelijke cluster of sterrenstelsel, terwijl de ijlere gebieden wijzen op regio's met minder zichtbare objecten. De gegevens onthullen de ongelijke verdeling van hemellichamen, waarbij gebieden met grotere astronomische interesse worden benadrukt.

Concrete adviezen

- Zoek een donkere observatieplek ver weg van stadslichten om de pracht van de Melkweg te ervaren.
- Concentreer uw blik enkele minuten op een vast punt aan de hemel en observeer hoe de sterren schijnbaar om dit punt draaien.
- Teken de omtrekken van een sterrenbeeld op een vel papier en vul uw tekening nacht na nacht aan met verdere details.
- Verzin eigen verhalen over de sterrenbeelden en deel deze met vrienden en familie.
- Bouw een klein model van een sextant en probeer de hoogte van sterren boven de horizon te meten.
- Oriënteer u in het terrein aan de hand van de windrichtingen die u door sterrenobservatie heeft vastgesteld.
- Vergelijk uw observaties van de nachtelijke hemel met de gegevens op een draaibare sterrenkaart en leer zo de kaart effectief te gebruiken.
- Observeer de nachtelijke hemel in verschillende seizoenen en noteer welke sterrenbeelden zichtbaar zijn.
- Leer de namen van de helderste sterren in uw regio en probeer deze aan de hemel te herkennen.
- Bezoek een planetariumworkshop en breid uw kennis over de oriëntatie aan de nachtelijke hemel uit.
- Maak uw eigen, persoonlijke sterrenkaart met uw favoriete sterrenbeelden en -objecten.

1. 3 Astronomische hulpmiddelen

Van de eenvoudige sterrenatlas tot de complexe astrofotografie: Dit hoofdstuk behandelt de belangrijkste astronomische hulpmiddelen voor hobbyastronomen. U leert hoe u sterrenkaarten leest, digitale planetariumsoftware gebruikt en uw observaties documenteert. Daarbij worden de respectieve voordelen en uitdagingen van de verschillende methoden belicht. Bereid u voor om uw astronomische kennis uit te breiden en het universum met de juiste hulpmiddelen te verkennen!

Van het eenvoudig vinden van de Poolster met behulp van een sterrenkaart tot het gebruik van de modernste technologieën zoals fotonica en software voor beeldanalyse – het begrip en de effectieve toepassing van astronomische hulpmiddelen zijn de sleutel tot het succesvol verkennen van het universum.

Sterrenkaarten begrijpen

Sterrenkaarten geven de nachtelijke hemel weer en helpen bij het identificeren van sterren en sterrenbeelden. Ze tonen de posities van hemellichamen op een bepaald moment en plaats. Net als een landkaart gebruiken ze een coördinatensysteem om de posities van objecten nauwkeurig te bepalen. De Rechthoekige ascensie komt overeen met de geografische lengte en de declinatie met de geografische breedte. [s7] U kunt bijvoorbeeld de Poolster vinden door de laatste punt van de steel van de Grote Beer te volgen – een praktische toepassing van de sterrenkaart die u helpt bij het oriënteren aan de nachtelijke hemel. Sterrenkaarten zijn er in verschillende uitvoeringen, van eenvoudige planisferische sterrenkaarten die de zichtbare hemel voor een bepaald moment tonen, tot gedetailleerde sterrenatlanten die de hele hemelbol dekken. Planisferen bestaan uit een draaibare sterrenplaat en een bovenliggende horizonmasker. Door de plaat te draaien, kunt u de zichtbare hemel voor verschillende data en tijden instellen. Sterrenatlanten bieden vaak een grotere detailnauwkeurigheid en bevatten informatie over de helderheid (Magnitude) van sterren, sterrenhopen, nevels en sterrenstelsels. De weergave van de hemel op een platte kaart vormt een cartografische uitdaging, vergelijkbaar met de weergave van de aardbol op een wereldkaart. Verschillende projectiemethoden worden gebruikt om de gebogen hemelbol op een tweedimensionaal vlak over te brengen. Dit kan leiden tot vervormingen, vooral nabij de hemelpolen. Sterrenkaarten gebruiken vaak een azimutale projectie voor de weergave van de hemelboog boven de waarnemer of een equatoriale projectie voor de weergave van de hele hemel. De keuze van de projectie beïnvloedt de manier waarop de sterrenbeelden worden weergegeven en hoe de hoeken en afstanden tussen de sterren worden gemeten. De symbolen op sterrenkaarten geven belangrijke informatie over de hemellichamen. De grootte van de symbolen vertegenwoordigt doorgaans de helderheid van de sterren. Griekse letters worden vaak gebruikt om de helderste sterren binnen een sterrenbeeld aan te duiden, waarbij Alpha voor de helderste, Beta voor de op één na helderste, enzovoort staat. Dubbele lijnen vertegenwoordigen de Melkweg, terwijl verschillende symbolen worden gebruikt voor sterrenhopen, nevels en sterrenstelsels. Zo kunt u aan de hand van de symbolen op de sterrenkaart verschillende hemelobjecten identificeren

en onderscheiden. Kleuren kunnen ook worden gebruikt om de spectrale klasse van sterren aan te geven, wat inzicht geeft in hun temperatuur en samenstelling. Het gebruik van een sterrenkaart vereist oefening en geduld. Begin met het identificeren van bekende sterrenbeelden zoals de Grote Beer of Orion. Oriënteer de sterrenkaart zodat deze overeenkomt met uw kijkrichting. Draai de kaart totdat de windrichtingen op de kaart overeenkomen met de werkelijke windrichtingen. Vergelijk vervolgens de sterrenpatronen op de kaart met de zichtbare hemel. Met toenemende ervaring zult u steeds meer sterrenbeelden en andere hemelobjecten herkennen en de sterrenkaart effectief kunnen gebruiken voor navigatie aan de nachtelijke hemel. Dieren zoals mestkevers oriënteren zich daarentegen aan de Melkweg zonder specifieke sterrenbeelden te gebruiken. [s7] Dit toont aan dat navigeren aan de hemel ook zonder gedetailleerde kaarten mogelijk is. Dit natuurlijke navigatievermogen is een fascinerend voorbeeld van de aanpassingsvermogen van organismen aan hun omgeving.

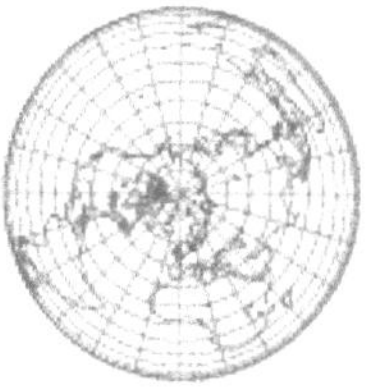

Azimutale projectie [i8]

Goed om te weten

Azimutale projectie

De azimutale projectie is een methode voor de weergave van de hemelbol op een platte kaart. Het is bijzonder geschikt voor de weergave van de hemelboog boven de waarnemer.

Equatoriale projectie

De equatoriale projectie is een methode voor de weergave van de hemelbol op een platte kaart. Het is bijzonder geschikt voor de weergave van de hele hemel.

Planisferische sterrenkaart

Een planisferische sterrenkaart is een draaibare sterrenkaart die de zichtbare hemel voor een bepaald moment en plaats toont. Het bestaat uit een draaibare sterrenplaat en een bovenliggende horizonmasker.

Rechthoekige ascensie

Rechthoekige ascensie is een van de twee coördinaten die worden gebruikt om de positie van een object aan de hemel te bepalen. Het komt overeen met de lengte op aarde en wordt gemeten in uren, minuten en seconden. Het geeft de hoekafstand van een object vanaf het lentepunt langs de hemel evenaar aan.

Spectrale klasse

De spectrale klasse van een ster geeft informatie over zijn temperatuur en samenstelling. Het wordt geclassificeerd door letters (O, B, A, F, G, K, M), waarbij O-sterren de heetste en M-sterren de koelste zijn.

Vergelijking sterrenkaarten

Vergelijking van verschillende soorten sterrenkaarten

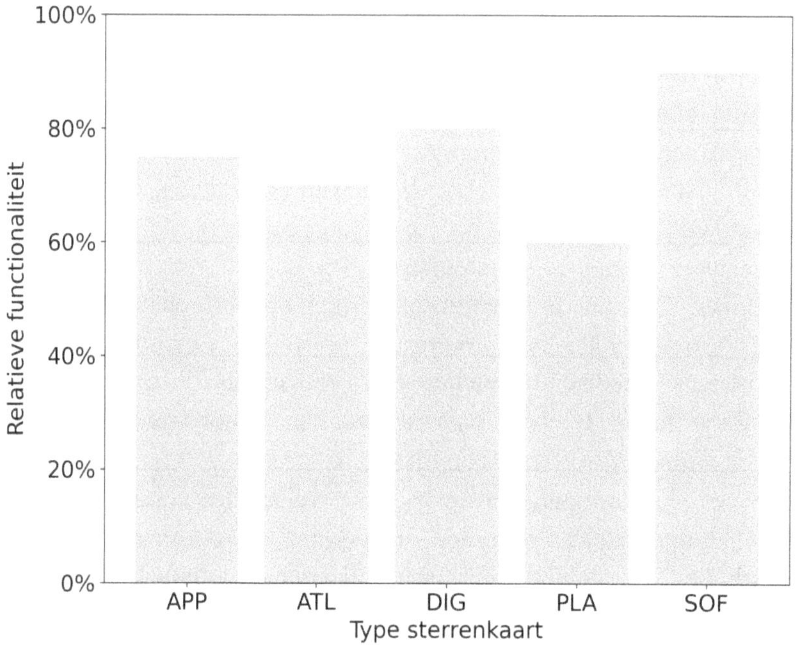

APP: Mobiele app

ATL: Papieren atlas

DIG: Digitale kaart

PLA: Planisfeer

SOF: Software

Planisferen bieden een goede balans tussen detail en draagbaarheid, waardoor ze ideaal zijn voor beginnende sterrenkijkers. Digitale kaarten bieden ongeëvenaarde zoek- en informatiemogelijkheden, terwijl papieren atlassen een breder gezichtsveld en de tastbare ervaring bieden die veel astronomen prefereren. Speciale software biedt de grootste hoeveelheid informatie, maar vereist een grotere tijdsinvestering. Mobiele apps bieden veel gemak, maar zijn mogelijk minder uitgebreid dan desktopsoftware.

Digitale Navigatiehulpmiddelen

Digitale sterrenkaarten, ook wel planetariumssoftware genoemd, bieden een interactieve en dynamische weergave van de nachtelijke hemel op computers of mobiele apparaten. In tegenstelling tot gedrukte versies maken ze de simulatie van de hemel op elk gewenst moment en vanaf elke locatie op aarde mogelijk. Ze bieden een verscheidenheid aan functies, zoals het zoeken naar specifieke hemellichamen, het weergeven van planetenbanen of het simuleren van astronomische gebeurtenissen zoals zonsverduisteringen. Door het invoeren van coördinaten of het gebruik van de GPS-functie van het apparaat, centreert de software het weergegeven hemelbeeld automatisch op de huidige positie van de waarnemer. Zo kunt u bijvoorbeeld direct op het scherm controleren welke sterrenbeelden zich momenteel boven u bevinden. Sommige programma's bieden bovendien de mogelijkheid om telescopen computergestuurd te positioneren, wat de observatie van zwakke objecten aanzienlijk vergemakkelijkt.

Naast de planetariumssoftware zijn er verschillende andere digitale navigatiehulpmiddelen voor de astronomie. Dit omvat apps voor smartphones en tablets die sterrenkaarten, maanfasekalenders en informatie over actuele hemelverschijnselen bieden. Ook online databases en portals bieden uitgebreide informatie over sterren, sterrenstelsels en andere hemellichamen. Deze digitale bronnen maken snelle en gemakkelijke toegang tot astronomische kennis mogelijk en breiden de mogelijkheden voor hemelobservatie uit. Het toenemende aantal satellieten in lage aardbaan (LEO) kan echter de astronomische praktijk en het zicht op de nachtelijke hemel verstoren, wat vooral problematisch is voor inheemse volkeren voor wie de hemelobservatie van culturele en spirituele betekenis is [s8]. De Internationale Astronomische Unie (IAU) heeft al zorgen geuit over de impact van satellietconstellaties op de astronomie en benadrukt het belang van het behoud van donkere

luchten [s8]. Daarom is het raadzaam om bij het plannen van observaties ook rekening te houden met de potentiële verstoringen door satellieten.

LEO [i9]

Fotonische technologieën, zoals lasers en fotodetectoren, spelen een steeds belangrijkere rol in de ruimtevaart en astronomie [s9]. Fotodetectoren zetten lichtsignalen om in elektrische signalen en zijn daarmee essentieel voor astronomische observaties en communicatie in de ruimte [s9]. De ontwikkeling van fotonische geïntegreerde schakelingen maakt de miniaturisering van instrumenten mogelijk en verbetert tegelijkertijd hun prestaties [s9]. Deze vooruitgangen in de fotonica helpen de grenzen van astronomisch onderzoek te verleggen en bieden gedetailleerdere inzichten in het universum. Door digitale navigatiehulpmiddelen te combineren met geavanceerde fotonische instrumenten ontstaan er nieuwe mogelijkheden voor de verkenning van de kosmos.

Fotodetector [i10]

Goed om te weten

Coördinaten

Coördinaten zijn numerieke gegevens die de positie van een object aan de hemel vastleggen. Ze worden gebruikt om hemellichamen nauwkeurig te lokaliseren en te volgen.

Fotodetectoren

Fotodetectoren zijn sensoren die licht omzetten in elektrische signalen. Ze zijn essentieel voor astronomische instrumenten, omdat ze het mogelijk maken om de helderheid en het spectrum van hemellichamen te meten.

Fotonische geïntegreerde schakelingen

Fotonische geïntegreerde schakelingen combineren meerdere fotonische componenten op een enkele chip. Dit maakt de miniaturisering van instrumenten mogelijk en verbetert tegelijkertijd hun prestaties en nauwkeurigheid in de astronomie.

Planetariumssoftware

Planetariumssoftware simuleert de nachtelijke hemel en helpt bij het identificeren van hemellichamen, sterrenbeelden en planeten. Het kan ook astronomische gebeurtenissen zoals zonsverduisteringen of komeetverschijningen voorspellen en simuleren.

Gebruik van Digitale Navigatie Tools

Verdeling van het gebruik van digitale navigatie tools onder ruimtevaart enthousiastelingen.

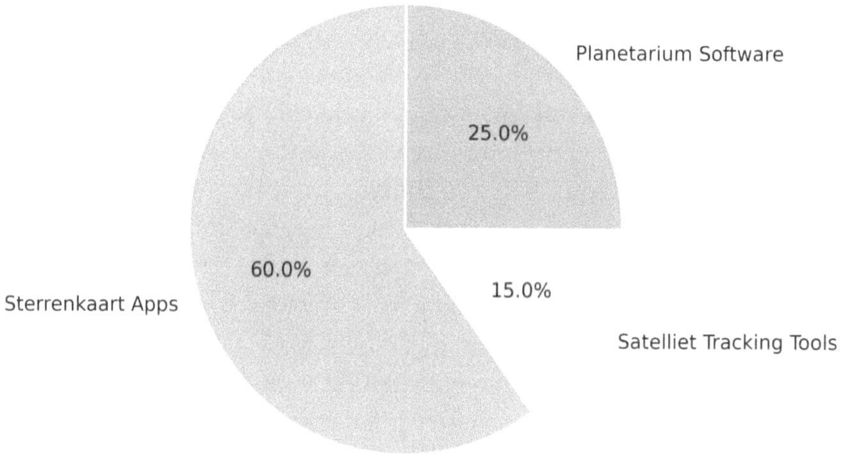

- PLA: Planetarium Software
- SAT: Satelliet Tracking Tools
- STA: Sterrenkaart Apps

Sterrenkaart apps domineren het digitale navigatielandschap voor amateur-astronomen, wat hun cruciale rol in het lokaliseren van hemellichamen weerspiegelt. Hoewel planetarium software een meer meeslepende ervaring biedt en satelliet tracking tools inspelen op een niche interesse, is hun gebruik aanzienlijk lager, wat suggereert dat er een voorkeur is voor eenvoudigere, meer directe navigatiemethoden.

Documentatieapparatuur

Documentatieapparatuur voor astronomische waarnemingen omvat tegenwoordig veel meer dan alleen het vastleggen van sterrenposities op papier. Naast de handmatige registratie met pen en notitieboek, die nog steeds nuttig kan zijn voor het schetsen van waarnemingen, zijn er diverse technische mogelijkheden. Fotografie speelt een cruciale rol, waarbij digitale spiegelreflexcamera's (DSLR's) en speciale astrokamera's worden gebruikt voor de astrofotografie. DSLR's maken het mogelijk om lichtzwakke objecten vast te leggen door middel van lange belichtingen, terwijl astrokamera's door gekoelde sensoren het beeldruis minimaliseren en zo de beeldkwaliteit verbeteren. Voor planetenfotografie zijn hoog resolutie camera's met videofunctie geschikt, omdat hier veel afzonderlijke beelden tot één totaalbeeld worden samengevoegd. De keuze van het juiste telescoop heeft een aanzienlijke invloed op de resultaten: refractors leveren contrastrijke beelden, reflectoren verzamelen meer licht voor lichtzwakke objecten en katadioptrische systemen combineren de voordelen van beide typen. Net als de Antikythera-mechanisme, dat meer dan 2000 jaar geleden complexe astronomische berekeningen mogelijk maakte en met een gedetailleerde handleiding was uitgerust [s10], vereisen ook moderne instrumenten een begrip van hun werking en de onderliggende techniek om het volledige potentieel te benutten. Naast de hardware is software voor beeldbewerking en -analyse essentieel. Programma's zoals RegiStax of AutoStakkert! maken het mogelijk om afzonderlijke beelden te stapelen om de signaal-ruisverhouding te verbeteren en gedetailleerdere opnames te creëren. Evenals de oude astronomen met de Antikythera-mechanisme nauwkeurige berekeningen uitvoerden [s10], stellen moderne softwareoplossingen de analyse van beeldgegevens in staat, bijvoorbeeld om de helderheid van sterren te bepalen of de samenstelling van nevels te onderzoeken. Door de combinatie van krachtige hardware en gespecialiseerde software kunnen amateurastronomen tegenwoordig indrukwekkende resultaten behalen en zelfstandig wetenschappelijk waardevolle gegevens verzamelen. De documentatie van astronomische waarnemingen dient

niet alleen ter persoonlijke herinnering, maar draagt ook bij aan de uitbreiding van de astronomische kennis door waarnemingen en inzichten toegankelijk te maken voor anderen. Een zorgvuldig bijgehouden observatieprotocol, of het nu digitaal of analoog is, bevat naast de beeldgegevens ook informatie over datum, tijd, observatielocatie, gebruikte apparatuur en de heersende omstandigheden zoals seeing en transparantie. Deze gegevens zijn belangrijk om de waarnemingen later correct te interpreteren en met anderen te vergelijken. Zoals de gedetailleerde handleidingen van de Antikythera-mechanisme laten zien [s10], was de nauwkeurige documentatie al in de oudheid een belangrijk onderdeel van astronomisch werk.

Refractor [i11]

astronomische camera [i12]

Catadioptrisch systeem [i13]

Goed om te weten

Astrofotografie

Astrofotografie is een speciale vorm van fotografie die zich richt op het vastleggen van hemellichamen zoals sterren, planeten, nevels en sterrenstelsels. Het vereist speciale apparatuur en technieken om de zwakke lichtsignalen uit de ruimte vast te leggen.

Katadioptrische Systemen

Katadioptrische systemen zijn telescopen die een combinatie van lenzen en spiegels gebruiken om licht te verzamelen en een beeld te creëren. Ze combineren de voordelen van refractors en reflectoren en bieden een compacte constructie.

Transparantie

Transparantie verwijst naar de helderheid van de atmosfeer en hoeveel licht van de hemellichamen doordringt. Hoge transparantie maakt het mogelijk om lichtzwakkere objecten te observeren.

Bereik van Astronomische Instrumenten

Bereik van verschillende astronomische hulpmiddelen.

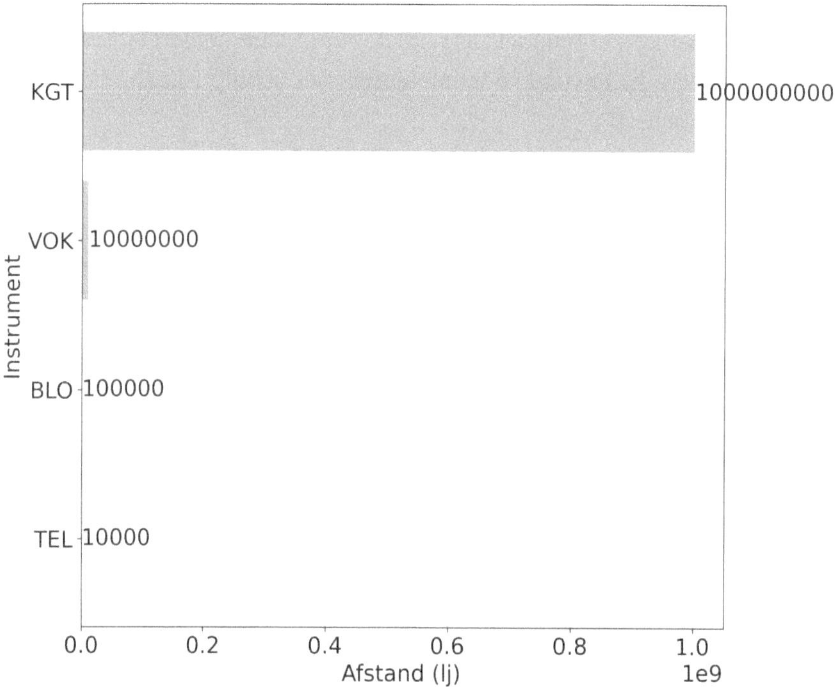

BLO: Blote Oog

TEL: Telescoop

KGT: Kijker

VOK: Verrekijker

De grafiek benadrukt het enorme verschil in waarneembaar bereik tussen het blote oog, een verrekijker en telescopen. Terwijl een verrekijker een bescheiden verbetering biedt ten opzichte van het blote oog, vergroten telescopen, met name grote telescopen, onze toegang tot de kosmos dramatisch, waardoor de waarneming van aanzienlijk verder weg gelegen hemellichamen mogelijk wordt.

Concrete adviezen

- Vergelijk de weergave van een sterrenbeeld op uw sterrenkaart met die in een astronomische software en analyseer de verschillen in de projectie.
- Bouw een eenvoudig model van een astrolabium en oefen met het bepalen van de sterrenhoogte.
- Ontwikkel een eigen methode om de schijnbare helderheid van sterren te schatten en te documenteren met behulp van alledaagse voorwerpen.
- Organiseer een nachtelijke speurtocht waarbij deelnemers verborgen objecten vinden met behulp van sterrenkaarten en coördinaten.
- Maak een timelapse-opname van de nachtelijke hemelrotatie met een vast gemonteerde camera en uw sterrenkaart als referentie.
- Volg de beweging van een heldere ster aan de hemel en documenteer de positie ervan ten opzichte van aardse herkenningspunten.
- Gebruik een telescoop om de projectie van de sterrenkaart te vergelijken met het werkelijke uitzicht op het hemelgedeelte en analyseer de vervormingen.
- Ontwerp uw eigen sterrenkaart voor een specifieke tijd en plaats, die alleen de helderste sterren en belangrijkste sterrenbeelden toont.
- Vergelijk de weergave van de Melkweg op verschillende sterrenkaarten en bespreek de verschillen in detailnauwkeurigheid.
- Experimenteer met roodlichtzaklampen om de donkeradaptatie van uw ogen tijdens het sterrenkijken te behouden en de sterrenkaart beter te kunnen lezen.
- Bepaal de geografische breedte van uw locatie met behulp van een zelfgebouwde kwadrant en uw sterrenkaart.
- Presenteer uw observaties en bevindingen met behulp van een zelfgemaakte digitale presentatie die sterrenkaarten, foto's en schetsen combineert.

Terugblik - 1. Grondbeginselen van de astronomie

De astronomie biedt ons fascinerende inzichten in de uitgestrektheid van het universum. Van het observeren van de maan met een eenvoudige verrekijker tot het verkennen van verre sterrenstelsels met krachtige telescopen – er zijn ontelbare mogelijkheden om de nachtelijke hemel te verkennen. De weg naar een succesvolle hobbyastronoom begint echter met het begrijpen van de basisprincipes en de juiste keuze van apparatuur. Als u met een verrekijker wilt beginnen, let dan op de juiste combinatie van vergroting en objectiefdiameter. Een te zware verrekijker bemoeilijkt het hanteren zonder statief, wat leidt tot een bewogen beeld. Maak gebruik van digitale hulpmiddelen zoals sterrenkaarten-apps om u aan de hemel te oriënteren en objecten gemakkelijker te vinden. Vergeet niet uw ogen aan de duisternis te laten wennen en een locatie met weinig lichtvervuiling te kiezen om de best mogelijke observatieomstandigheden te creëren. Zelfs met een verrekijker kunt u indrukwekkende details van de maan, planeten en sterrenhopen ontdekken.

De keuze van de juiste telescoop hangt af van uw observatiedoelen en uw budget. Refractors zijn goed voor het observeren van planeten, terwijl reflectoren met een grotere opening de observatie van zwakke deep-sky-objecten mogelijk maken. Katadioptrische telescopen bieden een compacte alternatieve met een hoge brandpuntsafstand. Houd bij de keuze ook rekening met de montering. Een stabiele montering is essentieel voor een trillingvrij beeld, vooral bij hoge vergrotingen. De azimutale montering is eenvoudig te gebruiken, terwijl de parallactische montering automatische volgfunctie van hemelobjecten mogelijk maakt. Atmosferische omstandigheden zoals seeing beïnvloeden de beeldkwaliteit. Informeer daarom naar de weersvoorspelling en kies een locatie met rustige lucht.

Oriëntatie aan de nachtelijke hemel is essentieel voor succesvolle observatie. Leer de windrichtingen te bepalen met behulp van de zon of de poolster. Sterrenbeelden bieden een betrouwbare navigatiehulp. Begin met bekende sterrenbeelden zoals de Grote Beer en gebruik sterrenkaarten of apps om andere sterrenbeelden te identificeren. Het equatoriale coördinatensysteem met rechtse ascensie en declinatie maakt de nauwkeurige lokalisatie van hemelobjecten mogelijk. Maak gebruik van digitale planetariumsoftware om de hemel te simuleren en uw observaties te plannen. Houd echter rekening met de toenemende problematiek van lichtvervuiling en de mogelijke verstoringen door satellieten, die de zichtbaarheid van hemelobjecten kunnen beïnvloeden.

De documentatie van uw observaties is een belangrijk onderdeel van de astronomie. Naast visuele observatie zijn er tegenwoordig diverse mogelijkheden voor documentatie, van astrofotografie met DSLR-camera's of speciale astrocamera's tot het gebruik van software voor beeldbewerking en -analyse. Een zorgvuldig bijgehouden observatiedagboek, of het nu digitaal of analoog is, helpt u uw observaties te analyseren, te interpreteren en met anderen te delen. Astronomie is een fascinerende hobby die u de mogelijkheid biedt om de geheimen van het universum te verkennen. Met de juiste voorbereiding, de juiste apparatuur en wat geduld kunt ook u indrukwekkende inzichten in de kosmos verkrijgen en genieten van de schoonheid van de nachtelijke hemel.

2. Ons zonnestelsel

Hebt u zich ooit afgevraagd wat er achter de heldere punten aan de nachtelijke hemel schuilgaat? Ons kosmische thuis strekt zich ver buiten de grenzen van de aarde uit - een systeem van planeten, manen en ontelbare kleinere hemellichamen die onze centrale ster omcirkelen. Van gloeiend hete rotsplaneten tot ijzige gasreuzen toont zich een verbazingwekkende verscheidenheid aan werelden. De moderne astronomie onthult voortdurend nieuwe details over deze fascinerende buren. Maak u klaar voor een ontdekkingsreis door de buurt van onze zon - dichterbij dan u denkt en toch vol geheimen.

2. 1 Planeten observeren

Dit hoofdstuk behandelt de observatie van de planeten in ons zonnestelsel, van de aardse planeten Mercurius, Venus en Mars tot de gasreuzen Jupiter, Saturnus, Uranus en Neptunus. De verschillende eigenschappen van de planeten, hun atmosferen en hun posities in het zonnestelsel vormen specifieke uitdagingen voor hobbyastronomen. Succesvolle planetenobservatie vereist daarom het in overweging nemen van verschillende factoren, van de keuze van het juiste tijdstip en de juiste locatie tot het gebruik van geschikte apparatuur. Maak je klaar voor een spannende reis door ons zonnestelsel.

De planeten van ons zonnestelsel bieden een verscheidenheid aan observatiemogelijkheden, die afhankelijk zijn van hun respectieve positie ten opzichte van de zon en hun individuele eigenschappen.

Mercurius tot Mars

De binnenste planeten van ons zonnestelsel, Mercurius, Venus, Aarde en Mars, zijn terrestrische planeten, wat betekent dat ze voornamelijk uit steen en metaal bestaan. [s11] Hun oppervlakken vertonen een verscheidenheid aan geologische formaties, van kraters en vulkanen tot kloven en vlaktes. Hoewel ze zich in dezelfde regio van het zonnestelsel hebben gevormd, vertonen ze aanzienlijke verschillen in hun atmosfeer en oppervlaktetemperatuur. Mercurius, de dichtstbijzijnde planeet bij de zon, heeft nauwelijks een atmosfeer. [s11] De zonnestraling komt vrijwel ongehinderd op zijn oppervlak en leidt tot extreme temperatuurverschillen tussen dag en nacht. Overdag kunnen de temperaturen oplopen tot meer dan 400°C, terwijl ze 's nachts dalen tot -170°C. Deze extreme omstandigheden maken Mercurius tot een onleefbare omgeving. Een hobby-astronoom moet bij het observeren van Mercurius zeker op het juiste moment letten. Omdat de planeet zo dicht bij de zon staat, is hij het beste te observeren net voor zonsopgang of kort na zonsondergang, wanneer hij zich iets van het zonlicht afheeft. Venus daarentegen is omgeven door een dichte atmosfeer van kooldioxide, die een sterk broeikaseffect veroorzaakt. [s11] De oppervlaktetemperaturen op Venus liggen rond de 460°C – heet genoeg om lood te smelten. Deze dichte atmosfeer reflecteert veel zonlicht, waardoor Venus een van de helderste objecten aan de nachtelijke hemel is, maar het bemoeilijkt ook de observatie van haar oppervlak. De Aarde, onze thuisplaneet, bevindt zich in de bewoonbare zone van de zon, het gebied waar water in vloeibare vorm kan bestaan. Onze atmosfeer, die voornamelijk uit stikstof en zuurstof bestaat, beschermt ons tegen de schadelijke straling van de zon en reguleert de temperatuur. De Aarde is de enige bekende planeet in ons zonnestelsel die leven herbergt. Mars, de vierde planeet van de zon, heeft een dunne atmosfeer die voornamelijk uit kooldioxide bestaat. [s11] De oppervlaktetemperaturen op Mars zijn aanzienlijk lager dan op Aarde en variëren tussen -140°C en 20°C. Hoewel Mars tegenwoordig een koude, droge woestijn is, zijn er aanwijzingen dat er in het verleden vloeibaar water op zijn oppervlak was. De zoektocht

naar sporen van leven op Mars is een belangrijk aandachtspunt van het huidige ruimteonderzoek. De roodachtige kleur van Mars, veroorzaakt door ijzeroxide in de bodem, maakt hem gemakkelijk herkenbaar aan de nachtelijke hemel. Ongeveer om de twee jaar is er een bijzonder gunstige tegenstelling, waarbij Mars bijzonder dicht bij de Aarde staat en daardoor helderder en groter lijkt. Deze periodes bieden optimale omstandigheden voor observatie met een telescoop.

Goed om te weten

Atmosfeer

Een gasvormige omhulsel die een planeet omringt en door de zwaartekracht wordt vastgehouden. De samenstelling en dichtheid van de atmosfeer kunnen de oppervlaktetemperatuur en de bewoonbaarheid van een planeet beïnvloeden.

Bewoonbare Zone

Het gebied rond een ster waar de temperatuurvoorwaarden de aanwezigheid van vloeibaar water op het oppervlak van een planeet mogelijk maken. De bewoonbare zone wordt ook wel de 'gouden zone' genoemd, omdat de omstandigheden niet te heet of te koud, maar precies goed voor leven moeten zijn, zoals wij dat kennen.

Geologische Formaties

Structuren op het oppervlak van een planeet die zijn ontstaan door geologische processen zoals vulkanisme, tectoniek of erosie. Voorbeelden hiervan zijn kraters, bergen, valleien en vlaktes.

Terrestrische Planeten

Planeten die voornamelijk uit steen en metalen bestaan, in tegenstelling tot gasreuzen. Ze hebben doorgaans een vast oppervlak en een hogere dichtheid.

Zichtbaarheid binnenplaneten

Zichtbaarheid van Mercurius, Venus en Mars op basis van schijnbare magnitude, grootte en afstand tot de Aarde.

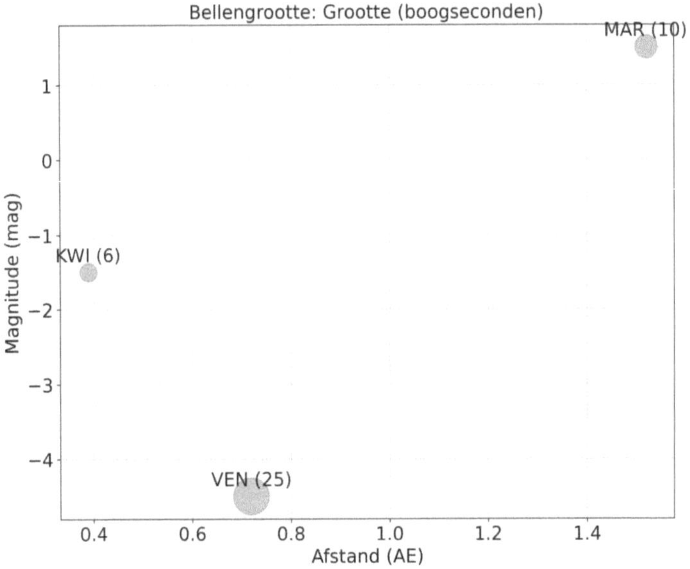

Blasengröße: Grootte (boogseconden)

- KWI: Mercurius
- MAR: Mars
- VEN: Venus

Venus is over het algemeen het helderst en lijkt het grootst vanwege de nabijheid van de Aarde. Mars, hoewel verder weg, kan soms helderder lijken dan Mercurius vanwege zijn grotere omvang en oppervlaktereflectiviteit. Mercurius, de kleinste en dichtst bij de zon, is vaak moeilijk waar te nemen vanwege de nabijheid van de schittering van de zon en de kleinere schijnbare grootte.

Jupiter tot Saturnus

Voorbij de asteroïdengordel strekt zich het gebied van de gasreuzen uit, beginnend met Jupiter en Saturnus. Deze planeten verschillen fundamenteel van de binnenste, vaste planeten. Ze bestaan voornamelijk uit waterstof en helium en hebben geen vaste oppervlakte in de traditionele zin. [s12] Hun enorme grootte en samenstelling maken ze tot fascinerende observatieobjecten, zelfs met eenvoudige telescopen.

Gasreuzen [i14]

Jupiter [i15]

Saturnus [i16]

Jupiter, de grootste planeet van ons zonnestelsel, valt op door zijn kleurrijke wolkenbanden en de Grote Rode Vlek, een enorme storm die al eeuwenlang wordt waargenomen. Zelfs een kleine telescoop onthult enkele van de grootste manen van Jupiter: Io, Europa, Ganymed en Kallisto. Hun beweging om de planeet kan binnen enkele uren worden gevolgd. Al in de 17e eeuw erkende Christiaan Huygens het bestaan van een grote maan – tegenwoordig weten we dat hij Ganymed bedoelde – en verkreeg hij eerste inzichten over de ringen van een andere planeet, die later als Saturnus zou blijken. [s13] Deze vroege observaties legden de basis voor ons huidige begrip van deze complexe systemen.

Grote Rode Vlek [i17]

Saturnus, de zesde planeet van de zon, is beroemd om zijn spectaculaire ringensysteem, dat bestaat uit ontelbare ijs- en gesteentedeeltjes. De ringen, die al zichtbaar zijn met een kleine telescoop, verschijnen als een vlak, helder stralend lint dat de planeet omringt. Huygens vermoedde destijds dat het om een vaste ring kon gaan, maar latere observaties toonden de ware aard van deze fascinerende structuur aan. [s13] Ook Saturnus heeft een verscheidenheid aan manen, waaronder Titan, de enige maan in het zonnestelsel met een dichte atmosfeer. Een telescoop met een iets grotere opening maakt het mogelijk om enkele van deze manen te ontdekken en de verschillende structuren binnen de Saturnusringen te onderscheiden. De gasreuzen Jupiter en Saturnus bieden dus ook hobby-astronomen met eenvoudige instrumenten een lonende observatie-ervaring.

Titan [i18]

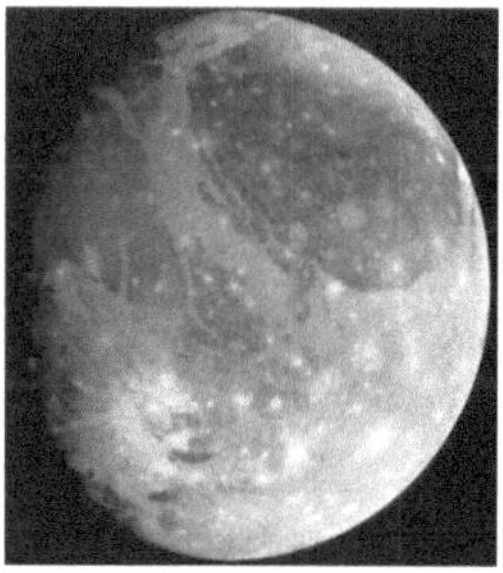

Ganymedes [i19]

Callisto [i20]

ringsysteem [i21]

Goed om te weten

Asteroïdengordel

De asteroïdengordel is een regio tussen Mars en Jupiter, waar zich een groot aantal asteroïden bevindt – rotsachtige brokken die de zon omcirkelen.

Gasreuzen

Gasreuzen zijn grote planeten die voornamelijk uit gassen zoals waterstof en helium bestaan en geen vaste oppervlakte hebben. Jupiter en Saturnus zijn voorbeelden van gasreuzen.

Grote Rode Vlek

De Grote Rode Vlek is een enorme, langdurige storm in de atmosfeer van Jupiter, die groter is dan de aarde.

Kallisto

Kallisto is de verste Galileïsche maan van Jupiter en heeft een sterk gekratert oppervlak.

Ringensysteem

Een ringensysteem is een verzameling van ijs- en gesteentedeeltjes die een planeet omcirkelen. Saturnus is bekend om zijn opvallende ringensysteem.

Titan

Titan is de grootste maan van Saturnus en heeft een dichte atmosfeer die voornamelijk uit stikstof bestaat.

Planetaire zichtbaarheid

Relatieve zichtbaarheid van Jupiter en Saturnus gedurende het jaar.

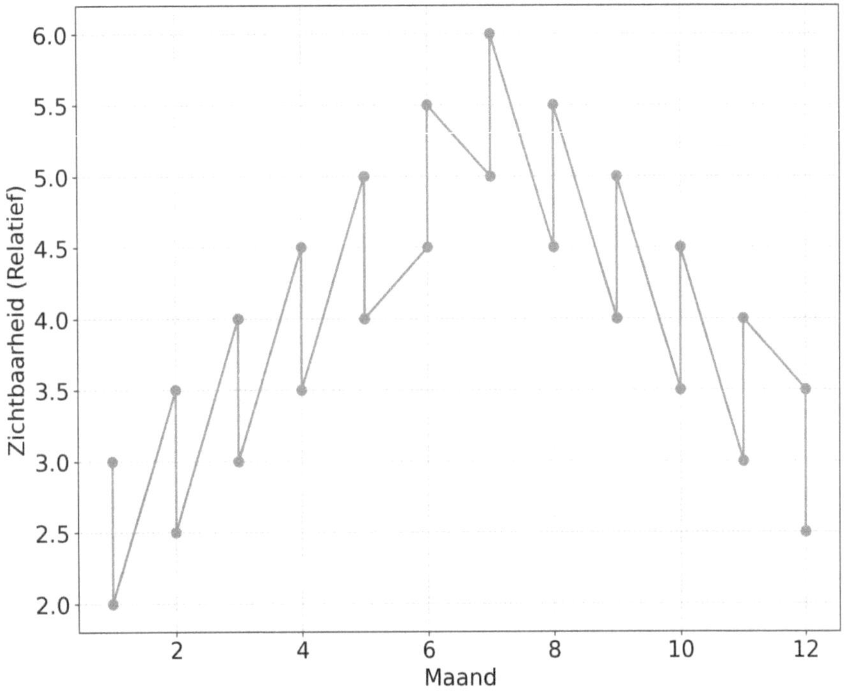

Deze grafiek toont de relatieve zichtbaarheid van Jupiter en Saturnus, waarmee optimale kijktijden worden aangegeven. Hogere waarden suggereren een betere zichtbaarheid vanwege factoren zoals de positie van de planeet en de baan van de aarde. De overlappende perioden suggereren tijden waarop beide planeten in dezelfde sessie kunnen worden waargenomen.

Uranus en Neptun

Uranus en Neptun, de buitenste gasriesen van ons zonnestelsel, blijven ondanks de vooruitgang in de astronomische wetenschap grotendeels raadselachtig [s14]. In tegenstelling tot Jupiter en Saturnus, die al door verschillende ruimtesondes zijn bezocht, staan gedetailleerde verkenningen van deze ijsreuzen nog uit. Hun samenstelling van waterstof en helium, verrijkt met vluchtige stoffen zoals water, ammoniak en methaan, geeft hen hun kenmerkende blauwe kleur. Een opmerkelijk verschil tussen de twee planeten is de rotatieas van Uranus, die bijna parallel aan zijn baanvlak ligt, waardoor hij als het ware op zijn zij rolt [s14]. Neptunus daarentegen heeft een meer typische axiale helling. Deze verschillende oriëntaties kunnen wijzen op enorme inslagen in de vroege fase van hun ontstaan, die de ontwikkeling van de planeten blijvend beïnvloedden [s14]. Ook hun atmosferen bieden spannende onderzoeksvelden. Terwijl Jupiter bekend staat om zijn Grote Rode Vlek, vertonen Uranus en Neptunus ook dynamische weersverschijnselen, waarvan de oorzaken en gevolgen nog niet volledig zijn begrepen [s14]. Een voorbeeld hiervan zijn de donkere vlekken op Neptunus, die tijdelijk verschijnen en weer verdwijnen. De complexe magnetosferen van de ijsreuzen, die ontstaan door hun ongebruikelijke magnetische velden en de interactie met de zonnewind, vormen een ander fascinerend onderzoeksgebied [s14]. Ook de verkenning van hun manen en ringensystemen belooft nieuwe inzichten. Uranus heeft een systeem van natuurlijke satellieten, terwijl Neptunus de gevangen maan Triton herbergt, die met zijn retrograde baan en zijn kryovulkanen de wetenschappers voor raadsels stelt [s14]. De internationale wetenschappelijke gemeenschap plant daarom in de komende decennia eerste speciale missies naar Uranus en Neptunus om deze fascinerende werelden gedetailleerder te verkennen en ons begrip van het buitenste zonnestelsel uit te breiden [s14]. Met sterkere telescopen en geavanceerde observatietechnieken kunnen ook hobby-astronomen een glimp opvangen van deze verre planeten, die als vage, blauwe stippen aan de nachtelijke hemel verschijnen. De beste tijd voor observatie is de oppositie, wanneer de planeet het dichtst bij de aarde staat en zijn helderheid het grootst is.

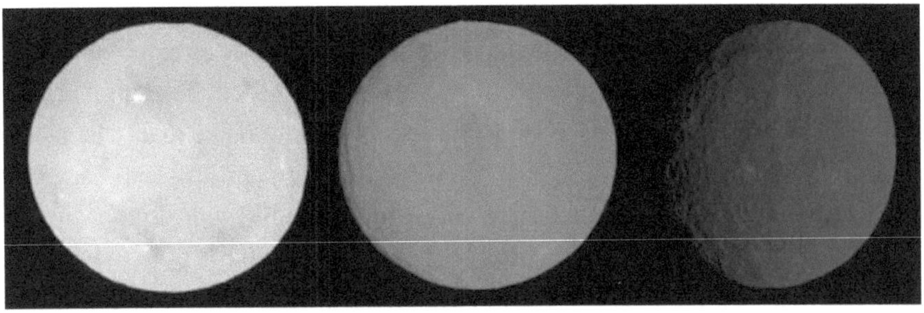

Oppositie [i22]

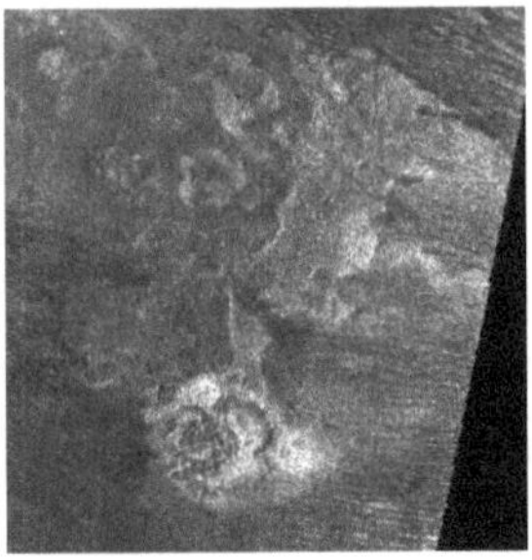

Kryovulkaan [i23]

Goed om te weten

Kryovulkaan

Een soort vulkaan die in plaats van gesmolten gesteente ijs en andere vluchtige stoffen uitbarst.

Oppositie

De positie van een planeet wanneer deze, gezien vanaf de aarde, tegenover de zon staat. In deze tijd is de planeet het helderst en het dichtst bij de aarde.

Retrograde baan

Een baan die tegengesteld is aan de rotatierichting van de planeet.

Rotatieas

De denkbeeldige lijn waaromheen een planeet draait.

Uranus en Neptunus: uitdagingen bij observatie

Relatieve zichtbaarheid en schijnbare magnitude

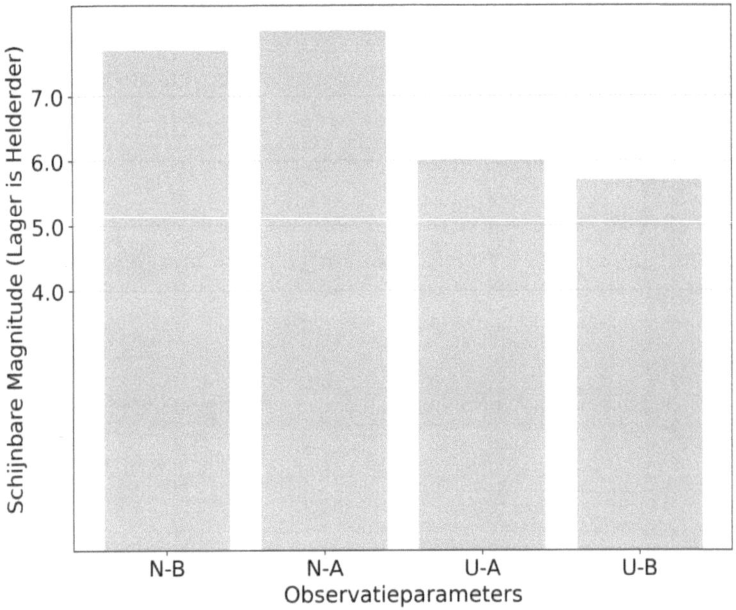

N-A: Neptunus - Gemiddelde omstandigheden

N-B: Neptunus - Beste omstandigheden

U-A: Uranus - Gemiddelde omstandigheden

U-B: Uranus - Beste omstandigheden

Neptunus is constant zwakker dan Uranus, waardoor het aanzienlijk moeilijker te observeren is met het blote oog of kleinere telescopen. Het verschil in schijnbare magnitude benadrukt de noodzaak van telescopen met een grotere opening en een donkere hemel voor een succesvolle waarneming van Neptunus. Uranus kan onder gunstige omstandigheden met gericht zoeken worden gezien. Neptunus vereist bijna altijd optische hulpmiddelen.

Concrete adviezen

- Volg de beweging van de manen van Jupiter en maak een schets van hun posities over meerdere nachten.
- Vergelijk de helderheid van Venus met andere planeten en sterren en noteer uw waarnemingen.
- Zoek naar Mars aan de nachtelijke hemel en let op zijn roodachtige kleur.
- Probeer Uranus en Neptunus te vinden met een verrekijker of telescoop en let op hun blauwachtige kleur.
- Observeer de ringen van Saturnus met een telescoop en teken hun vorm en structuur.
- Vergelijk de grootte van Jupiter en Saturnus in de telescoop en schat hun grootteverhouding in.
- Gebruik een planetariumsoftware om de huidige positie van de planeten aan de hemel te bepalen en zoek deze vervolgens met het blote oog of een instrument.
- Documenteer de zichtbaarheid van Mercurius in de ochtend- of avondschemering over een langere periode.
- Maak een fotoserie van de fasen van Venus over meerdere maanden, vergelijkbaar met de maanfasen.
- Observeer Mars tijdens een oppositie en vergelijk zijn grootte en helderheid met andere momenten.
- Probeer de wolkenbanden van Jupiter met een telescoop te observeren en documenteer hun veranderingen.
- Organiseer een observatieavond met vrienden en familie en deel uw enthousiasme voor de planeten van ons zonnestelsel.

2. 2 Kleine hemellichamen ontdekken

Dit gedeelte behandelt de observatie van asteroïden, kometen en meteorstromen. U leert hoe u deze zwakke lichtobjecten aan de nachtelijke hemel kunt identificeren en hun beweging kunt volgen. Daarbij worden zowel de noodzakelijke technieken en hulpmiddelen als de uitdagingen, zoals het onderscheiden van sterren of het bepalen van de baanparameters, toegelicht. Bereid u voor om zelf actief te worden en de fascinerende wereld van kleine lichamen in ons zonnestelsel te verkennen.

De kans op succes bij het zoeken naar asteroïden neemt toe door het kiezen van het juiste moment (nieuwe maanfase), de observatielocatie (donker, vrije hemelzicht) en de hemelregio (dichtbij de ecliptica), evenals door het gebruik van software en sterrenkaarten voor het positioneren van bekende asteroïden.

Asteroïden lokaliseren

De lokalisatie van asteroïden vereist geduld, nauwkeurige techniek en een begrip van de hemelsmechanica. Asteroïden verschijnen aan de nachtelijke hemel als zwakke lichtpunten die zich langzaam tegen de achtergrond van de sterren bewegen. Deze beweging is de sleutel tot het onderscheiden van sterren die aan de hemel vast lijken te staan. Om deze beweging vast te leggen, worden telescopen gebruikt die zijn uitgerust met zeer gevoelige CCD-camera's. Meerdere opnames van hetzelfde hemelgebied worden met tussenpozen gemaakt. Door deze opnames te vergelijken, kan de positie van een asteroïde worden vastgesteld. Een hobby-astronoom kan bijvoorbeeld door de analyse van drie opnames met een interval van 30 minuten een bewegend lichtpunt identificeren en zo een asteroïde ontdekken. De schijnbare beweging van een asteroïde aan de hemel is het resultaat van zijn werkelijke beweging in het zonnestelsel en de beweging van de aarde om de zon. Om de positie van een asteroïde nauwkeurig te bepalen, zijn astrometrische metingen noodzakelijk. Hierbij wordt de exacte positie van de asteroïde ten opzichte van bekende sterren gemeten. Deze gegevens worden vervolgens naar het Minor Planet Center (MPC) van de Internationale Astronomische Unie (IAU) verzonden. Het MPC is het centrale verzamelpunt voor waarnemingen van asteroïden en kometen. Het berekent de banen van de objecten en geeft ze een voorlopige aanduiding. De baan van een asteroïde wordt beschreven door zijn baanparameters. Deze omvatten onder andere de grote halve as, de excentriciteit en de inklinatie. De grote halve as geeft de gemiddelde afstand van de asteroïde tot de zon aan, de excentriciteit beschrijft de vorm van de elliptische baan en de inklinatie geeft de hoek van het baanvlak ten opzichte van de ecliptica aan. De ecliptica is het vlak waarin de aarde om de zon draait. Door kennis van deze baanparameters kan de positie van de asteroïde op elk moment worden berekend en kan zijn toekomstige baan worden voorspeld. De helderheid van een asteroïde varieert in de loop van de tijd. Deze helderheidsvariaties kunnen worden veroorzaakt door de rotatie van de asteroïde. Asteroïden hebben vaak onregelmatige vormen en wanneer ze draaien, verandert het door de zon beschenen oppervlak en dus de gereflecteerde hoeveelheid licht. De analyse van deze helderheidsveranderingen, de zogenaamde lichtcurve-analyse, maakt het mogelijk om de rotatieperiode van de asteroïde te bepalen en conclusies te trekken over zijn vorm. Een asteroïde met een sterk variërende lichtcurve kan bijvoorbeeld een langwerpige vorm hebben, terwijl een asteroïde met een constante helderheid eerder bolvormig is. De zoektocht naar asteroïden wordt beïnvloed door verschillende factoren, waaronder de positie van de waarnemer op aarde, het seizoen en de maanfase. De beste tijd om asteroïden te observeren is tijdens de nieuwe maanfase, wanneer de hemel donker is. De regio nabij de ecliptica is bijzonder veelbelovend, omdat de meeste asteroïden zich hier bevinden. Softwareprogramma's en sterrenkaarten kunnen helpen bij het plannen van waarnemingen door de positie van bekende asteroïden weer te geven en de zichtbaarheid op de betreffende locatie te berekenen. Zo kan een waarnemer zijn telescooptijd optimaliseren en de kans vergroten om een asteroïde te vinden. Naast visuele observatie en astrometrische metingen zijn er andere methoden voor het bestuderen van asteroïden. Radarbeobachtungen maken het mogelijk om de vorm en het oppervlak van asteroïden gedetailleerd te onderzoeken. Spectroscopische onderzoeken leveren informatie over de samenstelling van de asteroïden. Ruimtemissies naar asteroïden leveren waardevolle gegevens over hun fysieke eigenschappen en geschiedenis. De combinatie van deze verschillende methoden maakt een uitgebreid begrip van asteroïden en hun betekenis voor de vorming en ontwikkeling van het zonnestelsel mogelijk. De voortdurende verbetering van de observatietechniek en de toenemende betrokkenheid van amateurastronomen leiden tot een steeds groter aantal ontdekte asteroïden en breiden onze kennis over deze fascinerende hemellichamen uit. Een toegewijde hobby-astronoom kan met de juiste

uitrusting en de nodige kennis een bijdrage leveren aan het onderzoek naar asteroïden en zo zelf deel uitmaken van deze spannende ontdekkingsreis.

Goed om te weten

Astrometrische metingen

Astrometrische metingen bepalen de exacte positie van hemellichamen aan de hemel. Deze metingen zijn belangrijk om de banen van asteroïden te berekenen en hun toekomstige positie te voorspellen.

Internationale Astronomische Unie (IAU)

De Internationale Astronomische Unie (IAU) is een internationale organisatie van astronomen die verantwoordelijk is voor de nomenclatuur van hemellichamen en de standaardisatie van astronomische conventies.

Minor Planet Center (MPC)

Het Minor Planet Center (MPC) is een organisatie van de Internationale Astronomische Unie (IAU) die verantwoordelijk is voor het verzamelen en analyseren van observatiegegevens van asteroïden en kometen. Het MPC berekent de banen van deze objecten en geeft ze aanduidingen.

Spectroscopische onderzoeken

Spectroscopische onderzoeken analyseren het licht dat door asteroïden wordt gereflecteerd om informatie over hun samenstelling te verkrijgen. Verschillende materialen absorberen en emitteren licht bij karakteristieke golflengten, waardoor hun chemische samenstelling kan worden bepaald.

Verdeling van asteroïden in de asteroïdengordel

Verdeling van asteroïden op basis van hun afstand tot de zon.

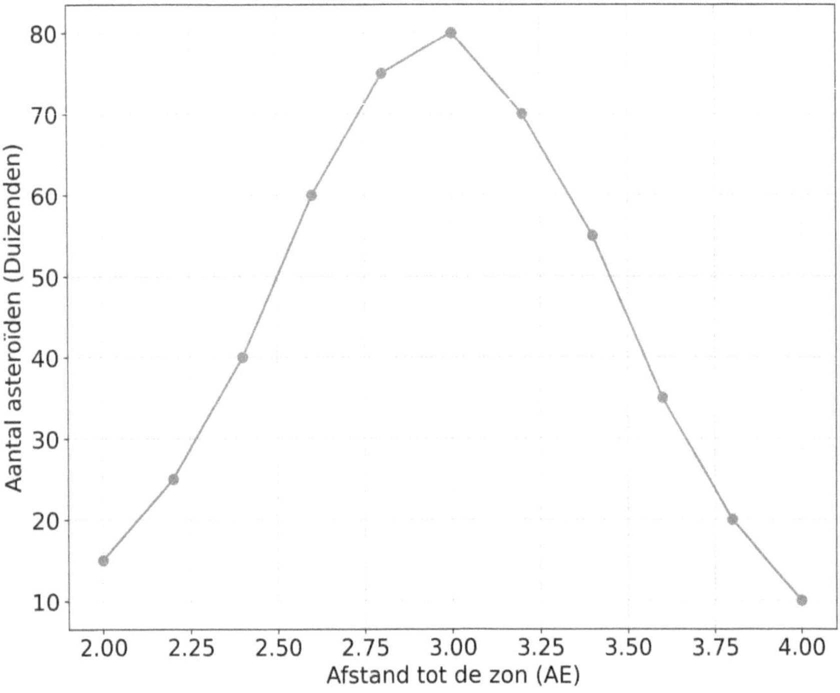

De grafiek toont een hogere concentratie van asteroïden tussen 2,5 en 3,5 AE, wat wijst op het centrale gebied van de asteroïdengordel. De afname van het aantal asteroïden voorbij 3,5 AE suggereert een afnemende dichtheid naarmate we verder van de zon komen.

Kometen volgen

Kometen volgen verschilt van het observeren van asteroïden, hoewel beide hemellichamen als lichtzwakke punten verschijnen. In tegenstelling tot de relatief constante banen van asteroïden, veranderen kometen dramatisch in helderheid en uiterlijk naarmate ze de zon naderen. Deze veranderingen worden veroorzaakt door de sublimatie van vluchtige stoffen in de kometkern, die een koma (een diffuse schil rond de kern) en vaak ook een of meerdere staarten vormen. Deze staarten, bestaande uit stof en geïoniseerd gas, kunnen zich over miljoenen kilometers uitstrekken en veranderen van vorm en oriëntatie onder invloed van de zonnewind. Het observeren van deze dynamische structuren vereist daarom een aangepaste benadering. De baan van een komet, ook beschreven door baanelementen, is vaak duidelijk elliptischer dan die van de meeste asteroïden en kan sterk gekanteld zijn ten opzichte van de ecliptica. Een nieuw ontdekte komet krijgt, net als asteroïden, een voorlopige aanduiding van het MPC. De exacte bepaling van de baanparameters van een komet is complexer vanwege de veranderlijke activiteit en vereist continue observaties over een langere periode. Zo kan de interactie van het kometplasma met de zonnewind leiden tot de vorming van structuren in de kometkoma en de staarten, die de schijnbare helderheid en vorm van de komet beïnvloeden [s15]. Deze interacties, die variëren afhankelijk van de heliocentrische afstand, bemoeilijken de nauwkeurige baanbepaling en vereisen gedetailleerde analyses van de plasmaomgeving [s15]. Om de ontwikkeling van een komet te documenteren, zijn regelmatige observaties van zijn helderheid en de ontwikkeling van de koma en staarten noodzakelijk. Visuele observaties met telescopen leveren belangrijke informatie over het uiterlijk van de komet, terwijl foto's de gedetailleerde structuur van de koma en de staarten vastleggen. De helderheid van een komet wordt doorgaans geschat aan de hand van een schaal, waarbij de helderheidsontwikkeling in directe relatie staat tot de activiteit van de kometkern en de ionisatieprocessen in zijn omgeving [s15]. Hierbij spelen zowel de elektroneneffecten als de photo-ionisatie een rol,

waarvan de relatieve betekenis gedurende de missie verandert [s15]. De samenstelling van de koma en de staarten kan worden onderzocht door spectroscopische analyses, die inzicht geven in de aanwezige moleculen en ionen in de komet. De aanwezigheid van verschillende elektronenpopulaties, die verschillen in temperatuur en oorsprong, biedt verdere inzichten in de complexe processen binnen de kometkoma [s15]. Een nauwkeurige documentatie en analyse van deze gegevens is belangrijk om de fysische en chemische processen te begrijpen die de ontwikkeling van een komet aansturen. Ook de rol van golven en golf-deeltjesinteracties, die bijdragen aan de energieoverdracht en verwarming van de deeltjespopulaties, wordt door dergelijke observaties onderzocht [s15]. Zo zou een waarnemer bijvoorbeeld de helderheidsontwikkeling van een komet over meerdere weken kunnen volgen en daarbij de veranderingen in koma en staart documenteren, om zo een bijdrage te leveren aan het onderzoek van dit fascinerende hemellichaam. De combinatie van visuele observaties, astrometrische metingen en spectroscopische analyses maakt een uitgebreid begrip van kometen en hun rol in het zonnestelsel mogelijk.

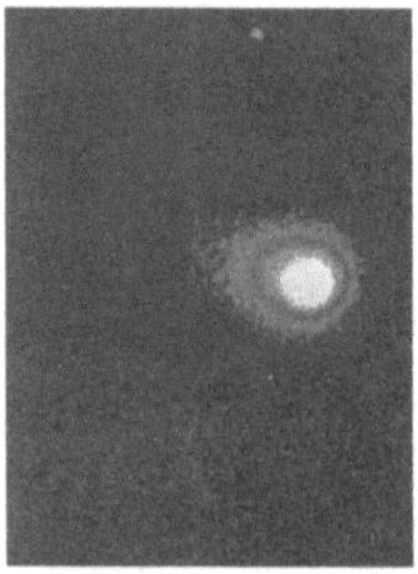

Coma (Komeet) [i24]

komeetstaart [i25]

Plasma (natuurkunde) [i26]

Goed om te weten

Astrometrische metingen
Nauwkeurige metingen van de posities en bewegingen van hemellichamen.

Baanelementen
De zes parameters die de baan van een hemellichaam om een ander lichaam uniek beschrijven. Ze definiëren de grootte, vorm en oriëntatie van de baan, evenals de positie van het hemellichaam op de baan.

Elektroneneffecten
De ionisatie van atomen of moleculen door botsingen met elektronen.

Heliocentrische afstand
De afstand van een hemellichaam tot de zon.

Photo-ionisatie
Het proces waarbij een atoom of molecuul een elektron verliest door de absorptie van een foton en daardoor geïoniseerd wordt.

Spectroscopische analyses
De studie van het licht van hemellichamen om hun samenstelling en fysische eigenschappen te bepalen.

Sublimatie
De directe overgang van een stof van de vaste naar de gasvormige toestand, zonder de vloeibare toestand te doorlopen. Bij kometen leidt de sublimatie van ijs en andere bevroren stoffen tot de vorming van de koma en de staarten.

Helderheid en afstand van kometen

Grootte, helderheid en afstand van kometen tot de aarde

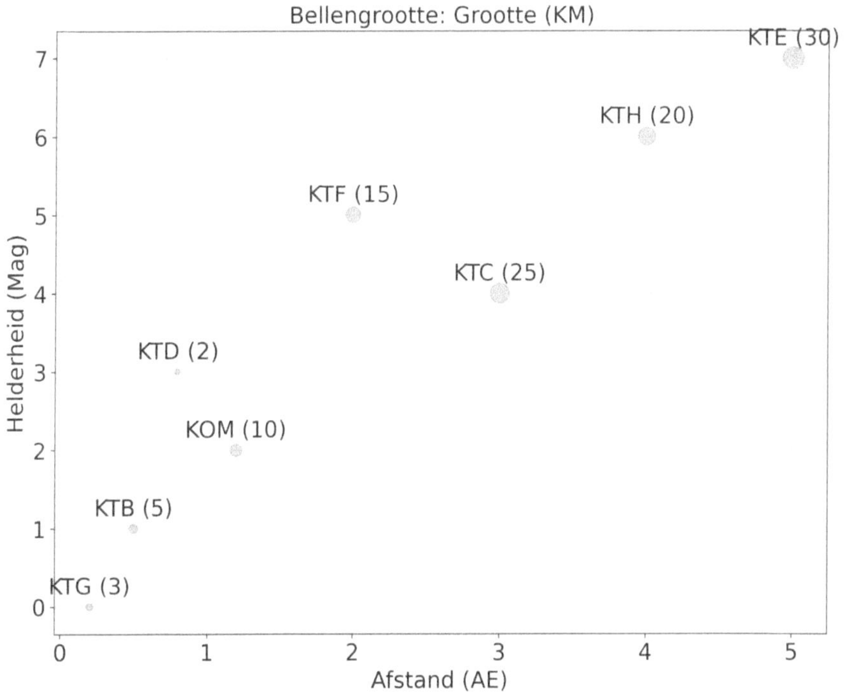

Blasengröße: Grootte (KM)

KOM: Komeet A	KTB: Komeet B
KTC: Komeet C	KTD: Komeet D
KTE: Komeet E	KTF: Komeet F
KTG: Komeet G	KTH: Komeet H

Grotere kometen zijn meestal helderder, vooral wanneer ze dichter bij de aarde staan. Sommige kleinere kometen op korte afstanden kunnen echter helderder lijken dan grotere, verder weg gelegen kometen. Afstand speelt een belangrijke rol in de waargenomen helderheid, zoals te zien is bij sommige kleinere kometen die helderder zijn dan grotere, verder weg gelegen kometen.

Meteorstromen observeren

Meteorstromen ontstaan wanneer de aarde de stofspoor van een komeet kruist. Deze stofdeeltjes, vaak niet groter dan zandkorrels, komen met hoge snelheid de aardatmosfeer binnen en verglijden, waardoor de karakteristieke lichtverschijnselen ontstaan die we meteoren of vallende sterren noemen. Het observeren van deze hemelverschijnselen vereist geen speciale apparatuur, maar vooral een donkere observatieplaats ver weg van storende lichtbronnen. Zoek een plek met vrij zicht op de lucht, bij voorkeur weg van stedelijke gebieden. Een ligstoel en warme kleding verhogen het observatiecomfort aanzienlijk, aangezien meteorstromen het beste over een langere periode kunnen worden waargenomen. De meeste meteoren van een stroom lijken uit een bepaald punt aan de hemel te komen, de zogenaamde radiant. De radiant bevindt zich in het sterrenbeeld waarnaar de meteorstroom is vernoemd. Zo lijken de Perseïden bijvoorbeeld uit het sterrenbeeld Perseus te komen. Kennis van de locatie van de radiant helpt bij het identificeren van de meteoren van een bepaalde stroom. Een blik op een sterrenkaart voor de start van de observatie kan daarom nuttig zijn om de positie van de radiant aan de hemel te bepalen en zo de vallende sterren van de

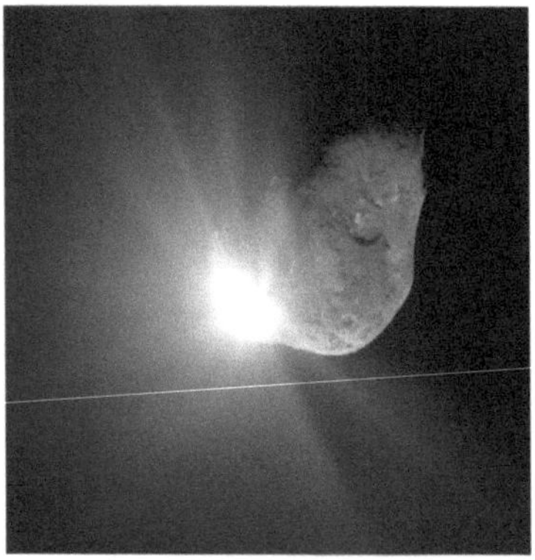

Komeet [i27]

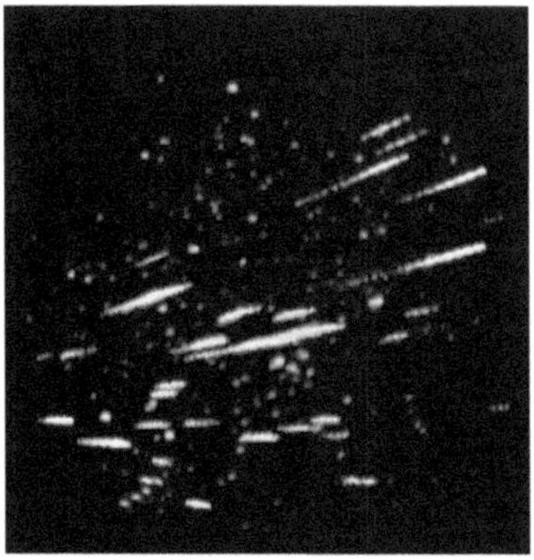

Radiant [i28]

gewenste stroom van sporadische meteoren te onderscheiden. Het aantal zichtbare meteoren per uur, de zogenaamde Zenithal Hourly Rate (ZHR), geeft de activiteit van een meteorstroom aan en varieert afhankelijk van de stroom en de datum. De Perseïden bereiken bijvoorbeeld in augustus een ZHR van tot 100 meteoren per uur. Houd er rekening mee dat het werkelijke aantal zichtbare meteoren afhangt van de duisternis van de observatieplaats en de hoogte van de radiant boven de horizon. De beste observatietijd voor meteorstromen is meestal na middernacht, wanneer de radiant hoger aan de hemel staat. De aarde beweegt zich dan als het ware frontaal in de stofspoor van de komeet, waardoor het aantal zichtbare meteoren toeneemt. Terwijl de meeste meteoren slechts kort oplichten, kunnen bijzonder heldere exemplaren, zogenaamde vuurballen of boliden, enkele seconden zichtbaar zijn en zelfs een rookspoor achterlaten. De schijnbare snelheid van de meteoren van een stroom hangt af van de relatieve snelheid tussen de stofdeeltjes en de aarde. Zo verschijnen de meteoren van de Perseïden bijvoorbeeld vrij snel, omdat de stofdeeltjes van de komeet Swift-Tuttle met hoge snelheid de aardatmosfeer binnendringen. Naast de bekende meteorstromen zoals de Perseïden, de Geminiden of de Leoniden zijn er ook talrijke zwakkere stromen die minder meteoren per uur produceren. Informatie over de activiteitsperiodes en de verwachte ZHR van de verschillende meteorstromen is te vinden in astronomische jaarboeken of op relevante websites. Let bij het plannen van uw observatieavond ook op de maan. Een heldere maan kan de zichtbaarheid van zwakkere meteoren aanzienlijk verminderen. Kies daarom indien mogelijk een nacht rond de nieuwe maan, wanneer de lucht het donkerst is. Zo optimaliseert u uw kansen om een indrukwekkend hemelverschijnsel te ervaren. Noteer tijdens uw observatie het aantal waargenomen meteoren en hun helderheid. Deze gegevens kunt u melden aan organisaties zoals de International Meteor Organization (IMO) en zo bijdragen aan de wetenschappelijke studie van meteorstromen.

Goed om te weten

Bolide

Een bijzonder heldere meteor die vaak explodeert of in meerdere delen breekt en een rookspoor kan achterlaten. Soms wordt de term ook gebruikt voor meteoren die geluiden produceren.

International Meteor Organization

Een internationale organisatie van amateur- en professionele astronomen die zich bezighoudt met de observatie en studie van meteoren. Ze verzamelt observatiegegevens en publiceert informatie over meteorstromen.

Radiant

Het punt aan de hemel waaruit de meteoren van een bepaalde stroom lijken te komen. De positie wordt bepaald door het sterrenbeeld waarin het zich bevindt.

Sporadische meteoren

Meteoren die niet tot een bekende meteorstroom behoren en schijnbaar willekeurig over de lucht verspreid voorkomen. Ze komen van individuele stofdeeltjes in de ruimte en niet van de stofspoor van een komeet.

Zenithal Hourly Rate

Het aantal meteoren dat een waarnemer onder ideale omstandigheden (heldere, donkere lucht, radiant in het zenit) per uur zou zien. Het dient als maat voor de sterkte van een meteorstroom.

Frequentie Meteorenregen

Relatieve frequentie van belangrijke meteorenregens.

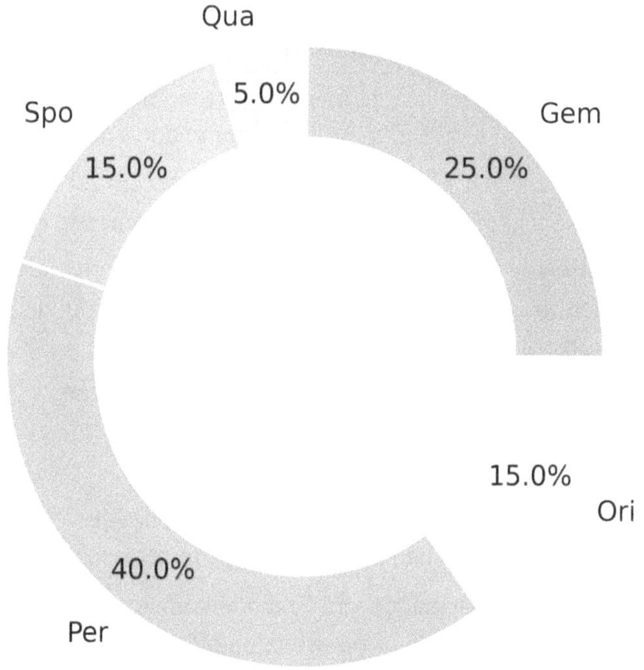

Gem: Geminiden

Per: Perseïden

Spo: Sporadisch

Ori: Orioniden

Qua: Quadrantiden

De Perseïden zijn de meest waargenomen meteorenregen, gevolgd door de Geminiden en Orioniden. De Quadrantiden, hoewel intens, worden minder vaak waargenomen vanwege hun korte piekperiode. De sporadische achtergrond vertegenwoordigt de basisfrequentie van meteoren die niet aan specifieke regens zijn gekoppeld.

Concrete adviezen

- Concentreer je op specifieke hemelgebieden die minder aandacht krijgen van professionele zoekprogramma's.
- Evalueer oude astronomische gegevens om mogelijk over het hoofd geziene objecten te identificeren.
- Ontwikkel eigen algoritmen voor geautomatiseerde beeldanalyse, die speciaal zijn geoptimaliseerd voor zwakke, bewegende objecten.
- Deel ervaringen met andere amateur-astronomen en coördineer je observaties om de hemel systematischer te doorzoeken.
- Maak gebruik van 'Citizen Science'-platforms om bij te dragen aan de analyse van grote datasets en zo kleine lichamen te ontdekken.
- Specialiseer je in de zoektocht naar specifieke soorten kleine lichamen, zoals nabij-aardse asteroïden of objecten in de Kuipergordel.
- Experimenteer met verschillende belichtingstijden en beeldbewerkings-technieken om de zichtbaarheid van zwakke objecten te verbeteren.
- Concentreer je zoektocht op periodes met optimale observatieomstandigheden, zoals tijdens meteorenzwermen.
- Volg doelgericht de banen van bekende kometen en zoek in hun nabijheid naar trojanen of co-orbitalen objecten.
- Analyseer de baangegevens van bekende kleine lichamen en zoek naar patronen die wijzen op de aanwezigheid van andere, onontdekte objecten.
- Ontwikkel een systeem voor de geautomatiseerde melding van potentiële ontdekkingen aan het Minor Planet Center.
- Simuleer de beweging van kleine lichamen in het zonnestelsel om veelbelovende zoekgebieden te identificeren.

2. 3 De zon onderzoeken

De zon beïnvloedt het leven op aarde aanzienlijk. Dit hoofdstuk legt uit hoe hobbyastronomen de zonneactiviteit documenteren en kunnen helpen om de effecten van de zonnewind en de magnetische activiteit van onze ster beter te begrijpen. Veilige observatie van zonsverduisteringen en protuberansen vereist speciale apparatuur en voorzorgsmaatregelen, maar biedt fascinerende inzichten in de zonne-atmosfeer en haar dynamiek. Ontdek de methoden en mogelijkheden om de zon veilig en effectief te verkennen.

Het onderzoek van de zon, van de reconstructie van eerdere activiteit op basis van kosmogene isotopen tot de observatie van actuele protuberansen, biedt niet alleen fascinerende inzichten in het gedrag van onze ster, maar helpt ook om de langdurige invloed ervan op de aarde beter te begrijpen en te voorspellen.

Zonneactiviteit documenteren

De documentatie van de zonneactiviteit helpt ons het gedrag van onze ster te begrijpen en de impact ervan op de aarde in te schatten. Een belangrijk aspect is de reconstructie van eerdere zonneactiviteit. Hiervoor worden kosmogene isotopen in monsters zoals boomringen of ijskernen geanalyseerd, die als indicatoren voor de zonneactiviteit dienen, aangezien hun concentratie varieert met de sterkte van de zonnewind [s16]. Zo kan de zonneactiviteit over millennia worden gereconstrueerd, gekwantificeerd als zonnevlekkengetal, een maat voor de magnetische activiteit van de zon. Deze reconstructies tonen niet alleen de bekende 11-jarige zonnecycli, maar ook langetermijnschommelingen. Een dergelijke schommeling met een periode van ongeveer 2400 jaar is waargenomen, waarin de hoog- en laagpunten zich ophopen in extreme zonne-minima en -maxima [s16]. De analyse van het zonnevlekkengetal over lange tijdsperioden biedt ook inzichten in de oorzaken van deze minima en maxima. Onderzoek suggereert dat deze extreme gebeurtenissen niet door langetermijncycli, maar door stochastische, dus willekeurige processen in de zonne-dynamo, het mechanisme van de magnetische veldgeneratie van de zon, worden aangestuurd [s17]. Hierbij wordt onderscheid gemaakt tussen korte minima, die 30 tot 90 jaar duren, en lange minima van meer dan 110 jaar [s17]. Deze bevindingen bieden belangrijke randvoorwaarden voor

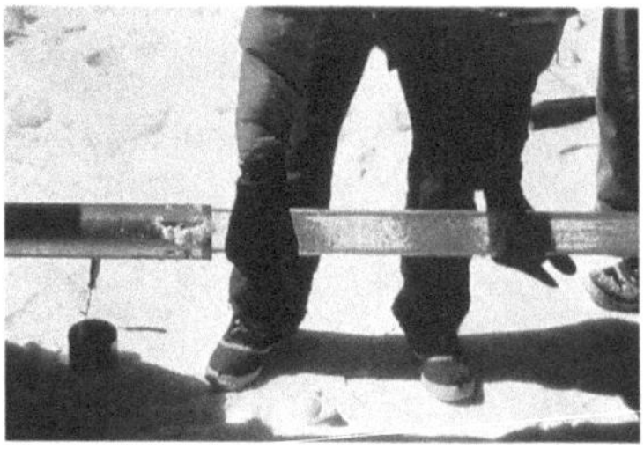

ijskern [i29]

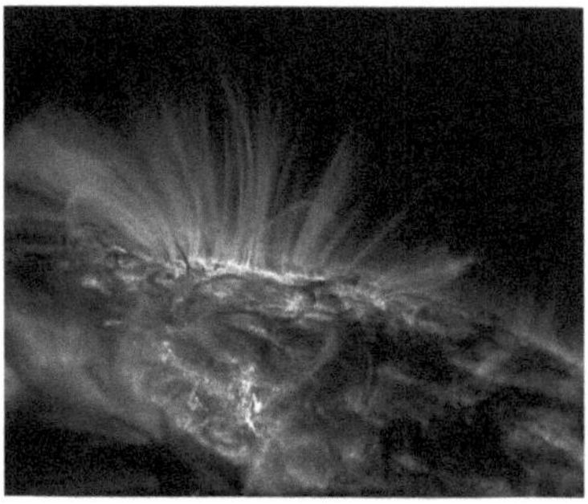

zonnevlek [i30]

modellen van de zonne-dynamo en verbeteren ons begrip van het langetermijn gedrag van de zon. Door verschillende methoden te combineren, zoals de analyse van kosmogene isotopen en de reconstructie van zonnevlekkengetallen, krijgen we een uitgebreider beeld van de zonneactiviteit en haar variabiliteit.

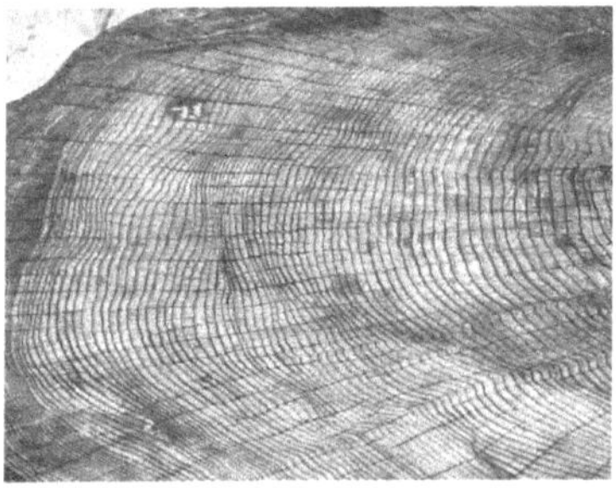

jaarring [i31]

Kosmogene Isotopen

Kosmogene isotopen ontstaan door de interactie van kosmische straling met atomen in de aardatmosfeer of op het aardoppervlak. Hun frequentie in gesteenten, ijskernen of boomringen geeft inzicht in de sterkte van de zonneactiviteit in het verleden.

Zonne-dynamo

De zonne-dynamo is het fysieke proces in het binnenste van de zon dat haar magnetisch veld genereert en in stand houdt. Het is gebaseerd op de beweging van elektrisch geleidend plasma in het binnenste van de zon.

Zonnevlekkengetal

Het zonne-vlekkengetal is een maat voor de magnetische activiteit van de zon. Het wordt bepaald door het tellen van de donkere vlekken op het zonneoppervlak, die ontstaan door sterke magnetische velden. Een hoog zonne-vlekkengetal duidt op een verhoogde zonneactiviteit.

Intensiteit Zonneactiviteit

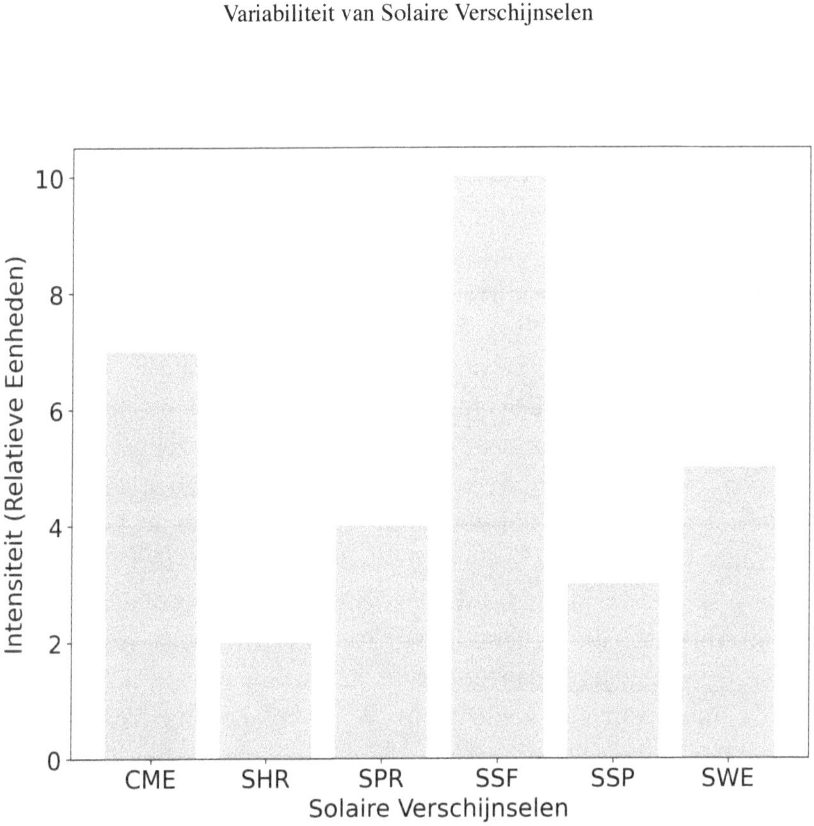

CME: Coronale Massa-ejecties
SHR: Zonne-radio uitbarstingen
SPR: Solaire protuberansen
SSF: Zonnevlammen
SSP: Zonnevlekken
SWE: Zonnewind uitbarstingen

De grafiek benadrukt significante variaties in zonneactiviteit. Terwijl zonnevlammen de hoogste piekintensiteit laten zien, vormen coronale massa-ejecties een meer aanhoudende bedreiging vanwege hun langere duur en massa-ontlading. De relatief lage intensiteit maar hoge frequentie van zonnevlekken suggereert een periode van gematigde zonneactiviteit in het algemeen.

Zonsverduisteringen observeren

De observatie van zonsverduisteringen vereist bijzondere voorzorgsmaatregelen, aangezien directe blik op de zon de ogen onherstelbaar kan beschadigen. Zelfs tijdens een verduistering, wanneer de zon gedeeltelijk bedekt is, komt er nog steeds voldoende intense straling in het oog om het netvlies te verwonden. Een veilige bescherming is daarom essentieel. Speciale zonsverduisteringsbrillen, die zijn uitgerust met een gecertificeerde folie, blokkeren het schadelijke deel van de zonnestraling en maken een veilige observatie mogelijk. Deze brillen moeten voor gebruik op beschadigingen worden gecontroleerd en mogen alleen voor korte blikken op de zon worden gebruikt. Alternatief kan de verduistering indirect worden waargenomen, bijvoorbeeld door het zonbeeld met een telescoop of verrekijker op een scherm te projecteren. Zo kan het evenement worden gevolgd zonder de ogen in gevaar te brengen. De observatie van zonsverduisteringen biedt niet alleen een spectaculair natuurverschijnsel, maar heeft ook aanzienlijk bijgedragen aan de ontwikkeling van de moderne natuurkunde [s18]. De bevestiging van de Algemene Relativiteitstheorie door de meting van de lichtafbuiging aan de rand van de zon tijdens een verduistering benadrukt de wetenschappelijke waarde van dergelijke observaties. Door de nauwkeurige analyse van de lichtafbuiging tijdens een verduistering konden wetenschappers de voorspellingen van de Algemene Relativiteitstheorie verifiëren en zo ons begrip van gravitatie en ruimte-tijd uitbreiden. Deze kennis vormt vandaag de basis voor het onderzoek naar Gravitational Lenses, die astronomen in staat stellen de massa-verdeling in het universum te bestuderen [s18]. Zo kunnen bijvoorbeeld verre sterrenstelsels, waarvan het licht door de gravitatie van een massief object op de voorgrond wordt afgebogen, nauwkeuriger worden geanalyseerd. De documentatie van de voortgang van een zonsverduistering kan ook waardevolle gegevens opleveren voor amateurastronomen. -

Nauwkeurige tijdmeting van het begin en einde van de verduistering - Observatie en beschrijving van de korona - Fotografische documentatie van de verschillende fasen. Deze gegevens kunnen worden gebruikt in Citizen Science-projecten en worden gecombineerd met professionele metingen om bijvoorbeeld de dynamiek van de zonne-atmosfeer beter te begrijpen of de exacte baan van de maan te bepalen. Door professionele onderzoek en amateurobservaties te combineren, ontstaat een uitgebreider beeld van deze fascinerende hemelverschijnselen.

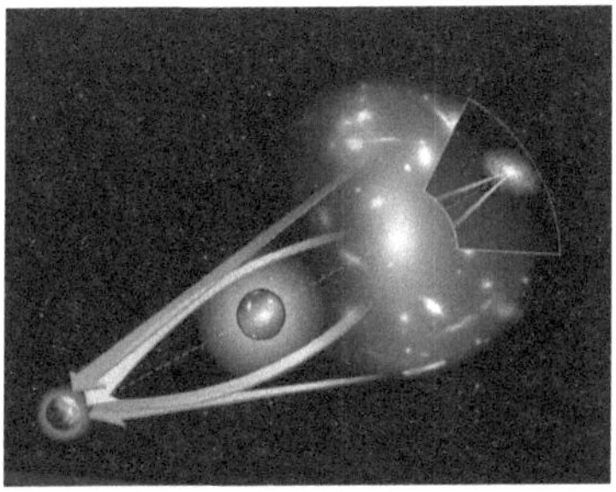

gravitatielens [i32]

Corona [i33]

Goed om te weten

Algemene Relativiteitstheorie

De Algemene Relativiteitstheorie is een theorie van gravitatie, ontwikkeld door Albert Einstein. Het beschrijft gravitatie als een kromming van de ruimte-tijd, veroorzaakt door massa en energie.

Citizen Science

Citizen Science verwijst naar de betrokkenheid van amateuronderzoekers bij wetenschappelijke projecten. Door de hulp van burgers kunnen grote hoeveelheden gegevens worden verzameld en geanalyseerd, die voor professionele wetenschappers alleen moeilijk te verwerken zouden zijn.

Gravitational Lenses

Gravitational lenses ontstaan wanneer het licht van verre objecten wordt afgebogen door de gravitatie van een massief object op de voorgrond. Dit effect kan het licht versterken en vervormde beelden van de achtergrondobjecten creëren.

Korona

De korona is de buitenste laag van de zonne-atmosfeer en verschijnt als een stralende kroon rond de zon, die vooral goed zichtbaar is tijdens een totale zonsverduistering. Het bestaat uit extreem heet plasma en is de oorsprong van de zonnewind.

Soorten Zonsverduisteringen

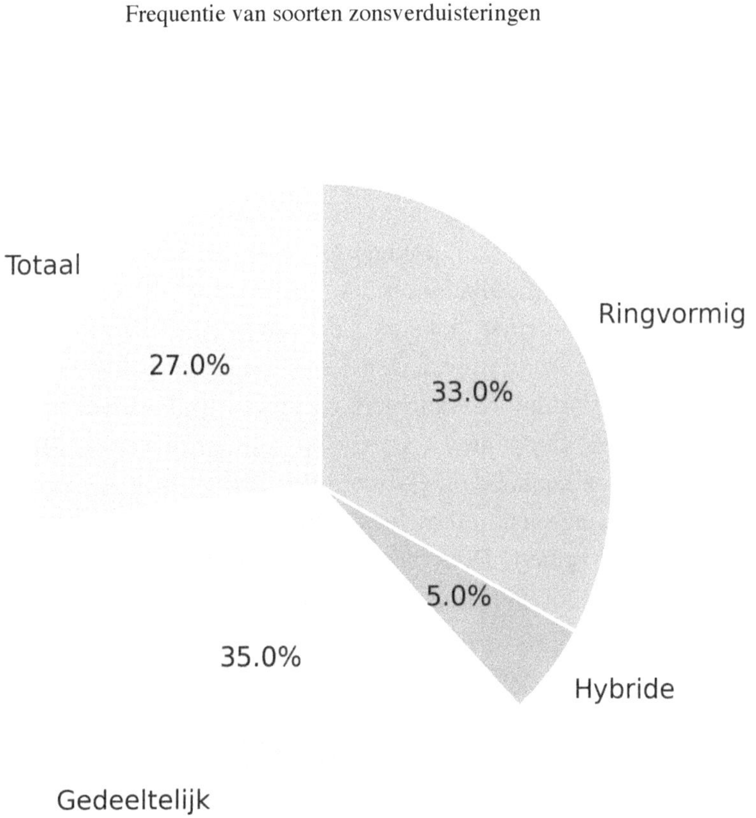

GEE: Gedeeltelijk
HYB: Hybride
RIN: Ringvormig
TOT: Totaal

Gedeeltelijke zonsverduisteringen zijn het meest voorkomende type en komen vaker voor dan totale of ringvormige verduisteringen. Hoewel totale zonsverduisteringen een spectaculaire gebeurtenis zijn, maakt hun beperkte pad van totaliteit ze een zeldzamere ervaring vergeleken met de bredere zichtbaarheid van gedeeltelijke en ringvormige verduisteringen. Het relatief kleine aandeel hybride verduisteringen benadrukt hun uitzonderlijke zeldzaamheid.

Protuberanzen herkennen

Protuberanzen zijn heldere plasmastructuren in de zonneatmosfeer die zich langs magnetische veldlijnen uitstrekken. Ze steken ver boven het zonneoppervlak uit en bieden fascinerende inzichten in de dynamiek van de zon. Voor hun observatie is, net als bij directe zonne-observatie, een speciale bescherming essentieel. H-alpha-filters laten alleen het licht van een bepaalde golflengte van waterstof door en maken zo een veilige waarneming van protuberanzen mogelijk. Met een telescoop die met zo'n filter is uitgerust, kunnen deze structuren gedetailleerd worden waargenomen. De protuberanzen verschijnen als heldere, draadachtige vormen die voortdurend van vorm en grootte veranderen. Sommige zijn kortstondig en verdwijnen binnen enkele minuten, terwijl andere dagen of zelfs weken aanhouden. Hun variëteit aan vormen is indrukwekkend: lussen, bogen en fonteinen zijn slechts enkele van de verschijningsvormen. Door regelmatige observaties en documentatie – bijvoorbeeld door tekeningen of foto's – kunnen veranderingen in de loop van de tijd worden vastgelegd. Zo kan men de ontwikkeling van een protuberanz volgen van zijn ontstaan tot zijn verval. Deze observaties kunnen ook waardevolle bijdragen leveren aan burgerwetenschapprojecten die zich bezighouden met het onderzoek naar zonneactiviteit. Door amateurobservaties te combineren met professionele gegevens, krijgen wetenschappers een uitgebreider begrip van de complexe processen in de zonne-atmosfeer. Naast H-alpha-filters bestaan er ook zogenaamde calcium-K-filters. Deze filters werken in het paarse deel van het spectrum en tonen naast protuberanzen aan de rand van de zon ook structuren op het zonneoppervlak, zogenaamde filamenten. Een filament is in wezen dezelfde structuur als een protuberanz, maar wordt voor de zonneschijf waargenomen als een donkere streep, omdat het in vergelijking met het omringende zonneoppervlak koeler is. Met een geschikte telescoop en het juiste filter kunnen zowel protuberanzen

als filamenten veilig en gedetailleerd worden waargenomen om de activiteit van onze ster te onderzoeken. Zo levert bijvoorbeeld de observatie van de verandering en het aantal protuberanzen in de loop van een zonnecyclus, die gemiddeld elf jaar duurt, belangrijke informatie over de magnetische activiteit van de zon. In fasen van hoge zonneactiviteit komen protuberanzen vaker en in complexere vormen voor dan in rustigere fasen. De documentatie van deze veranderingen helpt om de voorspelling van zonne-stormen en hun effecten op de aarde te verbeteren.

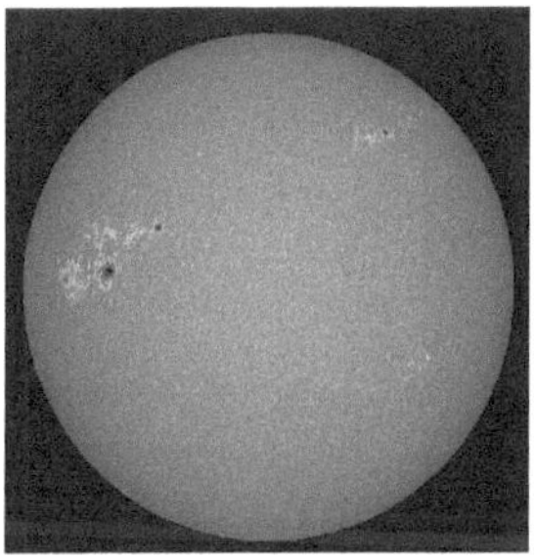

Calcium-K-filter [i34]

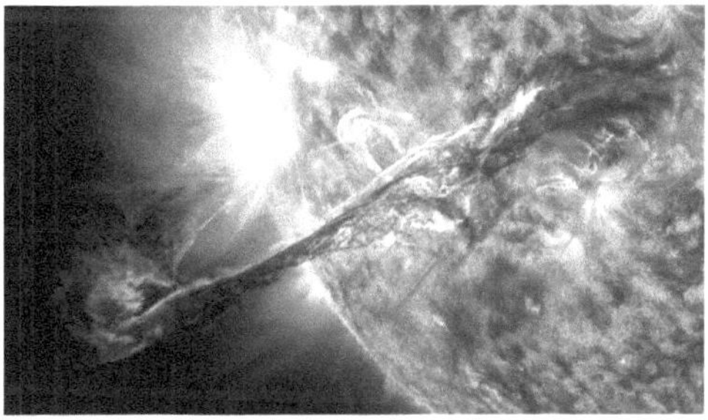

Protuberans [i35]

Grootevergelijking van protuberansen

Vergelijking van de hoogte van zonneprotuberansen.

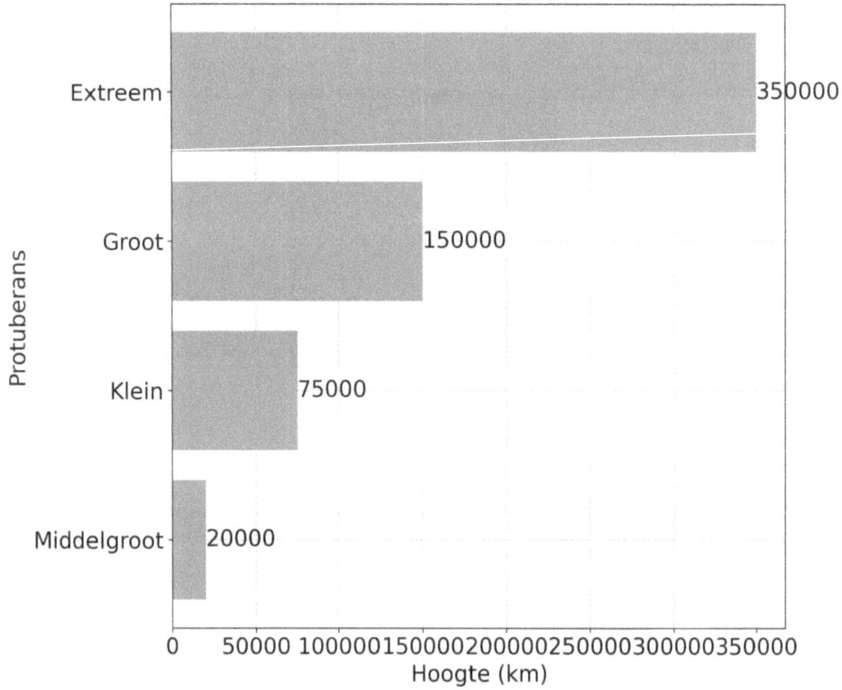

A: Klein

B: Middelgroot

C: Groot

D: Extreem

De grootste protuberansen torenen vele malen boven de kleinere uit. De verschillen in hoogte wijzen op verschillende sterke erupties. Kleinere protuberansen komen vaker voor dan zeer grote.

Concrete adviezen

- Ontwikkel een eigen hypothese over de oorsprong van een bepaald zonnefenomeen en ontwerp een experiment om deze te verifiëren.
- Onderzoek historische zonne-observaties van verschillende culturen en vergelijk hun methoden en interpretaties.
- Maak een driedimensionaal model van de zon dat de verschillende lagen en processen visualiseert.
- Volg de zonneactiviteit over een langere periode en correleer deze met weerdata uit uw regio.
- Ontwikkel een eigen meetinstrument om de intensiteit van de zonnestraling te bepalen.
- Bereken de hoeveelheid energie die de zon per seconde uitstraalt en vergelijk deze met het energieverbruik van de aarde.
- Ontwerp een concept voor een toekomstige ruimtesonde die de zon van dichtbij moet verkennen.
- Organiseer een openbare bijeenkomst om uw kennis over de zon en haar betekenis voor ons zonnestelsel te delen.
- Discuteer met anderen over de mogelijkheden en uitdagingen van het gebruik van zonne-energie.
- Maak een kunstwerk dat de schoonheid en de kracht van de zon uitdrukt.
- Schrijf een verhaal of een gedicht over de zon vanuit het perspectief van een ander hemellichaam.
- Reflecteer op de betekenis van de zon voor het leven op aarde en uw persoonlijke relatie met onze ster.
- Ontwerp een gedachtenexperiment dat de gevolgen van veranderde zonneactiviteit op de aarde onderzoekt.

Terugblik - 2. Ons zonnestelsel

Ons zonnestelsel biedt een overvloed aan fascinerende observatieobjecten, van de rotsachtige planeten in onze directe nabijheid tot de mysterieuze ijsreuzen aan de rand van ons systeem. Om de wonderen van het zonnestelsel succesvol te verkennen, moet u uw observaties strategisch plannen en rekening houden met de specifieke eigenschappen van de betreffende objecten. Begin uw reis misschien met de binnenste planeten. Let op de schemering bij Mercurius om hem in het zwakke licht te ontdekken. Venus daarentegen, als het helderste object aan de nachtelijke hemel, is gemakkelijk te vinden, maar haar dichte atmosfeer verbergt het oppervlak. Mars onthult zijn details het beste tijdens zijn oppositie, wanneer hij bijzonder dicht bij de aarde staat. Maak gebruik van deze gelegenheden om de fascinerende oppervlaktekenmerken van deze planeten met een telescoop te verkennen.

Voorbij de asteroïdengordel wachten de gasreuzen Jupiter en Saturnus met hun manen en ringen op uw ontdekking. Zelfs een kleine telescoop onthult de wolkenbanden van Jupiter en de beweging van zijn grootste manen. Het majestueuze ringensysteem van Saturnus is een onvergetelijk gezicht, zelfs bij lage vergroting. Volg de beweging van de Galileïsche manen rond Jupiter of probeer de Cassini-scheiding in de ringen van Saturnus te herkennen. Het observeren van deze gasreuzen biedt een lonende ervaring voor hobbyastronomen van elk ervaringsniveau. Voor het observeren van de buitenste ijsreuzen Uranus en Neptunus heeft u echter grotere telescopen en donkere observatieplekken nodig. Hun bleke, blauwe schijven zijn een uitdaging, maar belonen de geduldige waarnemer met een blik op de verste planeten van ons systeem.

De verkenning van kleinere lichamen zoals asteroïden en kometen vereist een andere benadering. U identificeert asteroïden door hun langzame beweging voor de sterrenachtergrond. Plan uw observatieavond zorgvuldig, gebruik sterrenkaarten en speciale software om potentiële kandidaten te identificeren. Documenteer uw observaties en dien uw astrometrische metingen in bij het Minor Planet Center om bij te dragen aan het onderzoek naar asteroïden. Kometen daarentegen veranderen dramatisch van uiterlijk wanneer ze de zon naderen. Observeer en documenteer de ontwikkeling van de coma en de staart om de fascinerende processen te begrijpen die deze ijzige zwervers vormgeven. Het volgen van kometen vereist geduld en doorzettingsvermogen, maar beloont u met een unieke kijk op de dynamiek van het zonnestelsel.

Ook het observeren van meteorenzwermen en zonnefenomenen biedt spannende mogelijkheden. Meteorenzwermen zijn het beste te observeren op een donkere nacht met vrij zicht op de hemel. Bepaal de radiant van de betreffende zwerm en richt uw blik op dat hemelgebied. Noteer het aantal en de helderheid van de meteoren en dien uw gegevens in bij organisaties zoals de IMO. Bij het observeren van de zon is echter uiterste voorzichtigheid geboden. Gebruik altijd speciale filters of projectiemethoden om uw ogen te beschermen tegen de schadelijke zonnestraling. Documenteer zonnevlekken, protuberansen en zonsverduisteringen om de activiteit van onze ster te volgen en bij te dragen aan citizen-scienceprojecten.

De verkenning van ons zonnestelsel is een voortdurende ontdekkingsreis. Met de juiste uitrusting, zorgvuldige planning en een beetje geduld kunt ook u als hobbyastronoom een waardevolle bijdrage leveren en de wonderen van onze kosmische achtertuin van dichtbij ervaren. Sluit u aan bij deze spannende gemeenschap en laat u inspireren door de schoonheid en complexiteit van het zonnestelsel!

3. Diepe ruimte

Wat schuilt er in de donkere uitgestrektheden voorbij ons zonnestelsel? De diepe ruimte lokt met zijn glinsterende sterrenstelsels, stralende gaswolken en fonkelende sterrenhopen - een paradijs voor iedereen die met telescoop en camera op ontdekkingsreis gaat. Moderne amateurapparatuur maakt vandaag de dag observaties mogelijk die nog maar enkele decennia geleden voorbehouden waren aan de professionele astronomie. De nauwkeurige documentatie van deze kosmische objecten levert de wetenschap waardevolle gegevens en vergroot ons begrip van het universum. In dit hoofdstuk laten we zien hoe de geheimen van de diepe ruimte systematisch verkend kunnen worden.

3. 1 Sterrenstelsels observeren

Het observeren van sterrenstelsels buiten onze Melkweg biedt fascinerende inzichten in de structuur van het universum. Het Andromedastelsel, als onze dichtstbijzijnde grote buur, is al met het blote oog zichtbaar, terwijl verre sterrenstelselsclusters krachtige telescopen en speciale technieken vereisen. De identificatie van deze verre objecten vormt een uitdaging voor hobbyastronomen op het gebied van locatiekeuze, instrumentatie en interpretatie van de waarnemingen. Naast het enorme aantal sterrenstelsels is het belangrijk om hun verschillende morfologieën en ruimtelijke distributiepatronen te herkennen. De analyse van helderheden, vormen en radio-emissies levert waardevolle informatie op over de samenstelling en ontwikkeling van deze gigantische structuren. Duik in de wereld van de extragalactische astronomie en ontdek de diversiteit van sterrenstelsels in de diepe ruimte.

De succesvolle observatie van sterrenstelsels, van onze Melkweg tot verre sterrenstelsels, vereist de combinatie van verschillende observatietechnieken en de overweging van de specifieke kenmerken van de betreffende objecten.

De Melkweg verkennen

Onze thuisgalaxie, de Melkweg, strekt zich uit over 100.000 lichtjaar en herbergt miljarden sterren, gasnevels en stofwolken. Het observeren ervan vereist zowel het blote oog als optische hulpmiddelen. Met het blote oog verschijnt de Melkweg als een diffuse, melkachtige band die zich over de nachtelijke hemel uitstrekt. Deze indruk ontstaat door het overlappende licht van ontelbare sterren die te ver weg zijn om afzonderlijk waar te nemen. De ideale observatietijd ligt in maanloze nachten, ver weg van stedelijke lichtverschmutzung. Zoek een plek met een vrij uitzicht op de hemel om de structuur van de Melkweg optimaal waar te nemen. Al met een verrekijker kunnen sterrenhopen en helderdere nevels binnen de Melkweg worden opgelost. Een telescoop maakt het mogelijk om individuele sterren te observeren, waarvan de kleuren en helderheden variëren. Onder andere kunt u met een telescoop ook donkere stofwolken herkennen die het licht van achterliggende sterren absorberen en zo contrasterende structuren creëren. De Melkweg heeft een spiraalstructuur met meerdere armen, waarin zich sterrenvormingsgebieden bevinden. Deze gebieden stralen helder in het infrarood en radiogolven en kunnen met de juiste telescopen worden waargenomen. De positie van ons zonnestelsel bevindt zich in de Orionarm, ongeveer 26.000 lichtjaar van het galactische centrum. Het centrum zelf is door dichte stofwolken in zichtbaar licht verborgen, maar kan worden onderzocht met radiotelescopen en infrarottelescopen. Daar vermoedt men een superzwaar zwart gat, Sagittarius A*, waar sterren met hoge snelheden omheen bewegen. De rotatie van de Melkweg zorgt ervoor dat alle sterren om het galactische centrum bewegen. Ook onze zon heeft ongeveer 230 miljoen jaar nodig voor één omloop. De beweging van de sterren is complex en wordt beïnvloed door de gravitationele interactie met andere sterren en de verdeling van donkere materie. Donkere materie maakt een groot deel van de massa van de Melkweg uit, maar is niet direct waarneembaar. De aanwezigheid ervan kan echter worden aangetoond door de gravitationele invloed op zichtbare materie. Het verkennen van de Melkweg levert belangrijke inzichten op over de oorsprong en ontwikkeling van sterrenstelsels. Door de chemische samenstelling van sterren te analyseren, kunnen astronomen conclusies trekken over de vroege fasen van de ontwikkeling van sterrenstelsels. De verdeling van verschillende stertypen en sterrenhopen geeft inzicht in de dynamische processen binnen de Melkweg. Het observeren van gasnevels en sterrenvormingsgebieden maakt het mogelijk om de processen van sterrenvorming te bestuderen. De Melkweg is ook de thuisbasis van talrijke bolhopen, die zich in de halo van de galaxie bevinden. Deze sterrenhopen bevatten enkele van de oudste sterren van de Melkweg en bieden daarom waardevolle informatie over de vroege ontwikkeling van onze galaxie. Zo kunt u onder andere de bolhoop M13 in het sterrenbeeld Hercules met een telescoop observeren, die meerdere honderdduizenden sterren bevat. De voortdurende verkenning van de Melkweg met steeds krachtigere telescopen en nieuwe observatiemethoden draagt bij aan een dieper begrip van sterrenstelsels en het universum als geheel. De ontdekking van exoplaneten rond sterren in de Melkweg roept ook de vraag op naar het bestaan van leven buiten de aarde. De zoektocht naar mogelijke signalen van buitenaardse beschavingen richt zich onder andere op de Melkweg als onze kosmische buur. De verkenning van de Melkweg is dus niet alleen een wetenschappelijke uitdaging, maar ook een reis naar de oorsprong van ons zonnestelsel en de geheimen van het universum. Door observatie en onderzoek kunnen we onze kennis over de Melkweg voortdurend uitbreiden en nieuwe inzichten verkrijgen over onze positie in de kosmos.

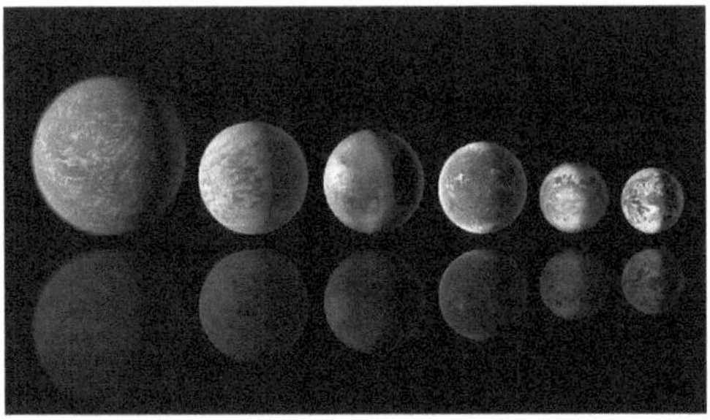

Exoplaneet [i36]

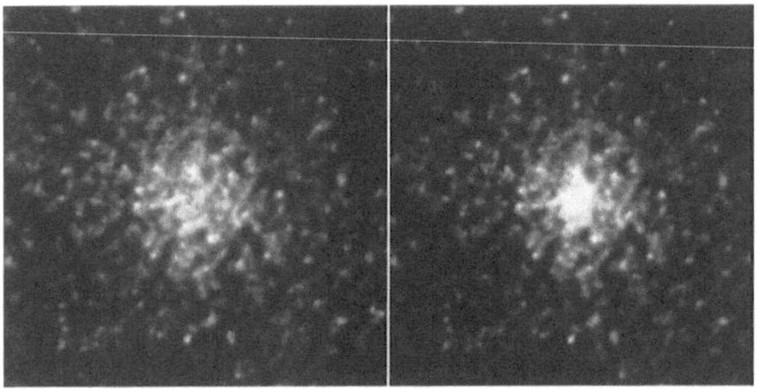

Bolvormige sterrenhoop [i37]

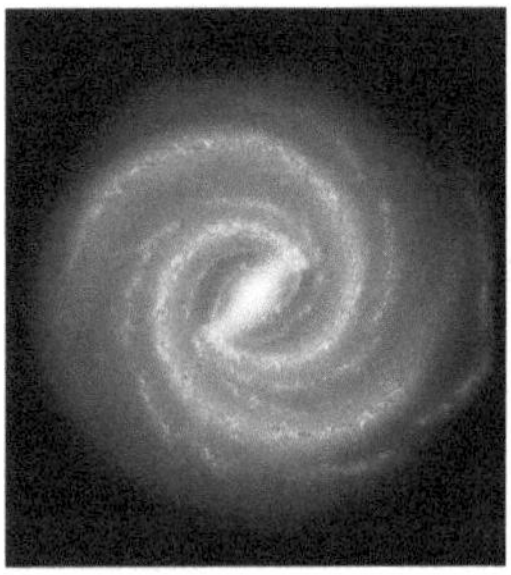

Radiotelescoop [i38]

Spiraalvormig sterrenstelsel [i39]

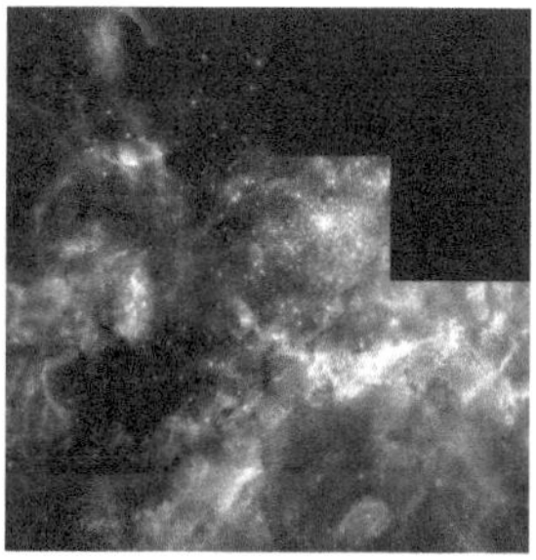

sterrenhoop [i40]

Sterpopulatie Melkweg

Verdeling van stertypen in de Melkweg.

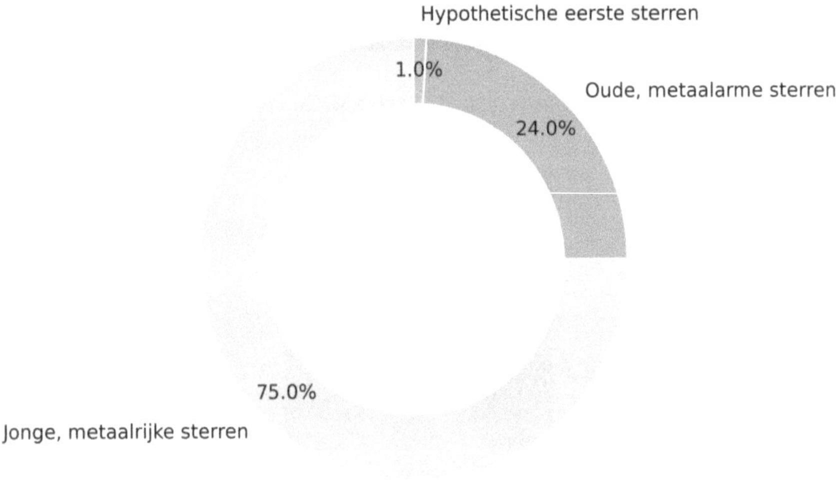

- POP I: Populatie I (Jong, Metaalrijk)
- POP II: Populatie II (Oud, Metaal-arm)
- POP III: Populatie III (Hypothetisch, Eerste Sterren)

Populatie I-sterren, die jonger en metaalrijk zijn, bevinden zich voornamelijk in de spiraalarmen en de galactische schijf, wat wijst op voortgaande stervorming in deze gebieden. De significante aanwezigheid van populatie II-sterren, die ouder en metaal-arm zijn, suggereert een veel eerder tijdperk van stervorming, voornamelijk in de galactische halo en bulge. Het relatief kleine aandeel van populatie III-sterren, als die al worden waargenomen, benadrukt hun zeldzaamheid en oude oorsprong, mogelijk representatief voor de allereerste sterren die in het universum zijn gevormd.

Andromeda vastleggen

Sterrenbeeld Andromeda [i41]

Telescoop [i42]

De Andromeda-galaxie, ook bekend als M31, is met een afstand van ongeveer 800 kpc [s19] de dichtstbijzijnde grote spiraalgalaxie ten opzichte van onze Melkweg. Om Andromeda vast te leggen, heeft u onder gunstige omstandigheden zelfs geen telescoop nodig. Onder een donkere lucht, ver weg van storende lichtbronnen, is ze met het blote oog zichtbaar als een zwakke, nevelachtige vlek. Een verrekijker onthult al de ovale vorm van de galaxie en de heldere kern. Met een telescoop zijn verdere details te zien, waaronder de spiraalarmen en stofstrengen. De beste observatietijd voor Andromeda ligt in de herfstmaanden, wanneer ze hoog aan de hemel staat. Oriënteer u aan het sterrenbeeld Andromeda, dat zich onder het grote Pegasus-vierkant bevindt. Binnen dit sterrenbeeld volgt u een denkbeeldige lijn van de sterren Mirach en Mu Andromedae om de galaxie te lokaliseren. De schijnbare helderheid van Andromeda varieert afhankelijk van de observatieomstandigheden en het instrument, maar ligt over het algemeen rond een magnitude van 3,4. In tegenstelling tot de puntvormige sterren verschijnt Andromeda als een uitgebreid object, wat de identificatie vergemakkelijkt. Ook het bestuderen van Andromeda levert waardevolle inzichten op over de dynamiek en ontwikkeling van galaxieën. Zo zijn bijvoorbeeld effectieve stabiliteitsparameters van Andromeda berekend, met de laagste waarde bij galaktozentrische afstanden [s20]. De observatie en studie van Andromeda draagt dus bij aan een breder begrip van de processen in galaxieën en vergroot onze kennis over het universum buiten onze Melkweg.

Andromeda-stelsel [i43]

Galaktozentrische afstanden

De galaktozentrische afstand verwijst naar de afstand van een object tot het centrum van een galaxie. Het wordt gebruikt om de positie van sterren en andere objecten binnen een galaxie te bepalen.

Kiloparsec (kpc)

Een kiloparsec is een astronomische lengtemaat die gelijk is aan 1.000 parsec. Het wordt gebruikt om de enorme afstanden tussen sterren en galaxieën aan te geven. Een parsec komt overeen met ongeveer 3,26 lichtjaar.

Spiraalgalaxie

Spiraalgalaxieën zijn een soort galaxieën die worden gekenmerkt door hun spiraalvormige armen, die uit gas, stof en sterren bestaan. Onze Melkweg is ook een spiraalgalaxie.

Stabiliteitsparameters

Stabiliteitsparameters in de astronomie beschrijven het vermogen van een structuur (bijv. een galaxie of een sterrenhoop) om zijn vorm en samenhang te behouden onder invloed van interne en externe krachten. Ze helpen te begrijpen hoe stabiel een systeem is ten opzichte van verstoringen.

Observatie Andromeda

Helderheid en structuur van verschillende gebieden binnen het Andromedastelsel.

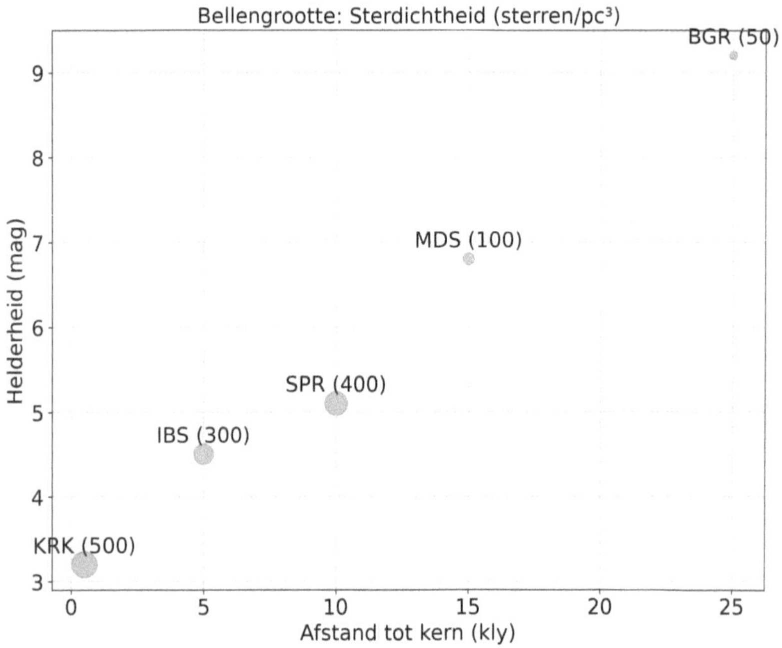

Blasengröße: Sterdichtheid (sterren/pc3)

BGR: Buiten Regio

KRK: Kern Regio

SPR: Spiraalarm

IBS: Binnenste Schijf

MDS: Middelste Schijf

Centrale gebieden vertonen een hoge helderheid en een dichte structuur, wat wijst op een concentratie van sterren. Buitenste gebieden laten een afname zien in zowel helderheid als structurele dichtheid, wat suggereert dat de sterrenpopulatie daar minder dicht is. Variaties in bellengrootte benadrukken de ongelijke verdeling van materie en lichtsterkte binnen het sterrenstelsel.

Clusters van sterrenstelsels identificeren

Clusters van sterrenstelsels, enorme verzamelingen van sterrenstelsels die door hun wederzijdse graviteit met elkaar verbonden zijn, zijn aan de nachtelijke hemel te herkennen aan verschillende kenmerken. Een belangrijke factor is hun ruimtelijke dichtheid: sterrenstelsels in een cluster lijken veel geconcentreerder dan in de omringende ruimte. Terwijl individuele sterrenstelsels over grote afstanden verspreid kunnen zijn, groeperen clusterleden zich in een relatief klein gebied. Deze verdichting is vaak al zichtbaar met middelgrote telescopen. Een ander aanknopingspunt is de morfologie van de sterrenstelsels in de cluster. Elliptische sterrenstelsels komen vaker voor in clusters dan spiraalstelsels. De oorzaken hiervan zijn complex en hangen samen met de dynamische processen binnen de cluster. De interactie tussen de sterrenstelsels kan leiden tot morfologische veranderingen, zoals de vorming van elliptische sterrenstelsels door de samensmelting van spiraalstelsels. Naast optische observatie bieden ook radiogolven inzicht in de structuur van sterrenstelselsclusters. Diffuse, grootschalige synchrotronstraling, de zogenaamde radio-halo's, dient als indicator voor de samensmeltingsprocessen binnen de cluster [s21]. Deze radio-halo's, die bij ongeveer 50 sterrenstelselsclusters zijn ontdekt, ontstaan door de versnelling van elektronen in de magnetische velden van de cluster [s21]. De analyse van deze radio-emissies, in combinatie met het Faraday-effect bij achtergrond-radiosterrenstelsels, maakt het mogelijk om conclusies te trekken over de sterkte en de ordening van de intracluster magnetische velden [s21]. De totale intensiteit van de radio-halo's correleert met de magnetische veldsterkte, terwijl de polarisatie informatie geeft over de ordening van het veld [s21]. Zo kunt u door de combinatie van optische en radio-observaties de identificatie van sterrenstelselsclusters verfijnen en diepere inzichten in hun fysieke eigenschappen verkrijgen. Zoek in een hemelgebied naar een opvallende concentratie van

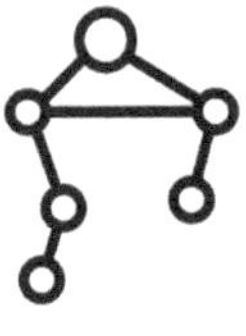

sterrenstelsels, let op de overwegend elliptische sterrenstelsels en controleer het bestaan van diffuse radiosignalen.

Elliptische sterrenstelsels [i44]

Melkwegcluster [i45]

radiohalo [i46]

Elliptische sterrenstelsels

Elliptische sterrenstelsels hebben een ellipsoïde vorm en bevatten doorgaans oudere sterren en weinig gas. Ze komen vaak voor in sterrenstelselsclusters.

Intracluster magnetische velden

Intracluster magnetische velden zijn magnetische velden die bestaan in de ruimte tussen de sterrenstelsels van een cluster. Ze spelen een belangrijke rol in de dynamiek en ontwikkeling van sterrenstelselsclusters.

Morfologie

De morfologie van een sterrenstelsel beschrijft zijn uiterlijke vorm en structuur, zoals spiraalvormig, elliptisch of onregelmatig.

Polarisatie

Polarisatie beschrijft de trillingsrichting van elektromagnetische golven. De polarisatie van radiogolven kan door magnetische velden worden beïnvloed en levert informatie over hun structuur.

Grootte van Melkwegcluster vs. Afstand

Verband tussen waargenomen grootte en afstand van melkwegclusters.

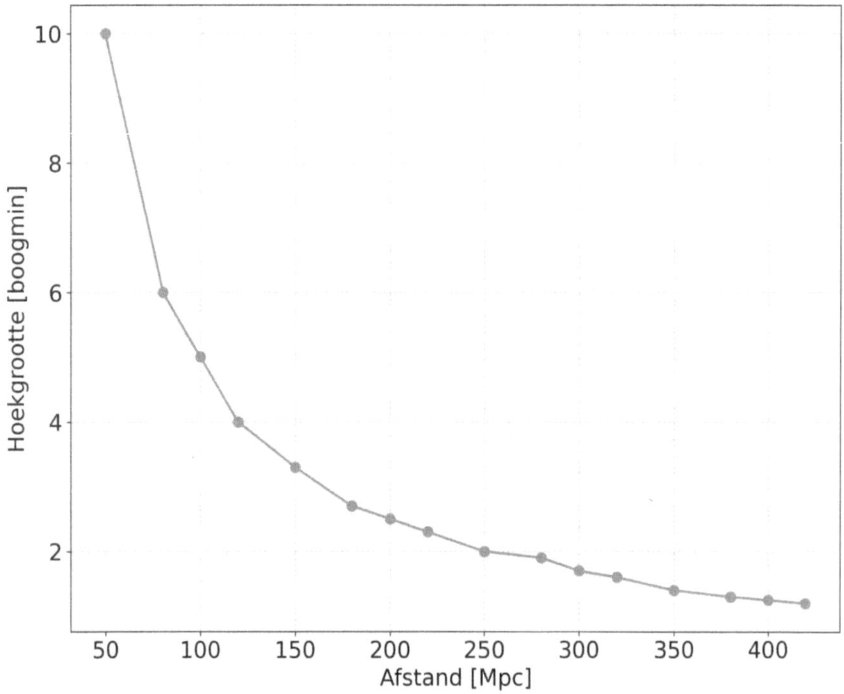

De grafiek toont een trend waarbij de schijnbare grootte afneemt met toenemende afstand. Dit is consistent met de verwachting dat objecten kleiner lijken naarmate ze verder weg zijn. Grotere, verder weg gelegen clusters kunnen qua grootte vergelijkbaar lijken met kleinere, dichterbij gelegen clusters. Dit benadrukt het belang van afstandsmeting bij het bepalen van de werkelijke clustergroottes.

Concrete adviezen

- Maak een lijst van sterrenstelsels die je wilt observeren, gesorteerd op hun zichtbaarheid vanaf jouw locatie.
- Experimenteer met verschillende belichtingstijden en ISO-waarden van je camera om de zwakke details van verre sterrenstelsels vast te leggen.
- Gebruik beeldbewerkingssoftware om het ruis in je astrofoto's te verminderen en de structuren van de sterrenstelsels te benadrukken.
- Bezoek regelmatig websites en forums van astrofotografen om je te informeren over nieuwe technieken en ontdekkingen.
- Vergelijk je eigen foto's van sterrenstelsels met professionele opnames om je vaardigheden te verbeteren en nieuwe inspiratie te vinden.
- Maak een gedetailleerde kaart van een geselecteerde sterrenstelselhopen en markeer daarin de interessantste objecten.
- Organiseer een gezamenlijke observatieavond met andere hobby-astronomen om samen verre sterrenstelsels te verkennen en ervaringen uit te wisselen.
- Documenteer je observaties en maak een persoonlijk archief van je sterrenstelselfoto's, aangevuld met informatie over de betreffende objecten.
- Overweeg de aanschaf van een grotere telescoop of een speciale astrocamera om nog dieper in de ruimte te duiken.
- Ontwikkel een speciale interesse voor een bepaald type sterrenstelsel, zoals Seyfert-sterrenstelsels of onregelmatige sterrenstelsels, en verdiep je kennis hierover.
- Geef lezingen of presentaties over je observaties en deel je fascinatie voor sterrenstelsels met een breder publiek.
- Creëer een artistiek project dat je sterrenstelselfoto's verbindt met muziek, poëzie of andere kunstvormen.

3. 2 Nevels documenteren

Emissies-, reflectie- en planetaire nevels: De succesvolle documentatie ervan stelt hobbyastronomen voor bijzondere uitdagingen. De keuze van de locatie, de opening van de telescoop en de keuze van filters beïnvloeden de zichtbaarheid van deze vaak zwakke objecten aanzienlijk. De juiste techniek bepaalt het succes, of het nu gaat om gedetailleerde schetsen of indrukwekkende astrofotografieën. Dit hoofdstuk behandelt de specifieke vereisten en moeilijkheden bij het observeren en documenteren van de verschillende typen nevels. Van de keuze van de juiste uitrusting tot het optimaliseren van de beeldbewerking – hier vindt u de noodzakelijke informatie. Duik in de fascinerende wereld van nevels en beheers de kunst om hun vluchtige schoonheid vast te leggen.

De keuze van de juiste telescoop, filters en observatielocatie, evenals het rekening houden met de atmosferische omstandigheden, zijn cruciaal voor de succesvolle documentatie van nevels.

Emissienevels opsporen

Emissienevels stralen door de excitatie van gassen, voornamelijk waterstof, door nabijgelegen, hete sterren. Deze nevels verschijnen vaak roodachtig op foto's, veroorzaakt door de dominante waterstof-alfa-emissie. Voor succesvolle observatie en documentatie zijn enkele factoren van belang. De keuze van de telescoop is cruciaal. Een refractor met een snelle brandpuntsafstand en goede kleurcorrectie is goed geschikt voor gedetailleerde observaties van kleinere nevels. Reflectoren met een grote opening verzamelen meer licht, wat voordelig is bij zwakke, uitgestrekte nevels. De opening van de telescoop bepaalt de hoeveelheid licht die wordt verzameld en daarmee de zichtbaarheid van zwakke details. Een telescoop met 200 mm opening toont duidelijk meer structuren in een nevel dan een met 100 mm. De brandpuntsafstand beïnvloedt het beeldveld en de vergroting. Korte brandpuntsafstanden bieden grote velden en zijn daarom geschikt voor uitgestrekte nevels, terwijl lange brandpuntsafstanden hogere vergrotingen mogelijk maken voor gedetailleerde observaties van kleinere objecten. De keuze van de juiste observatielocatie is ook belangrijk. lichtverschmutzung door kunstlicht vermindert het contrast en bemoeilijkt de nevelobservatie. Een donkere locatie ver weg van steden is ideaal. Zoek naar plaatsen met een lage Bortle-waarde, die de

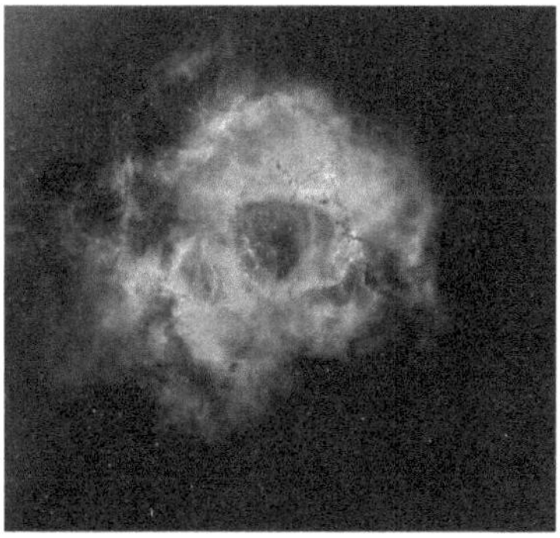

Nevelfilter [i47]

Reflector [i48]

helderheid van de lucht kwantificeert. Een waarde van 1 vertegenwoordigt een extreem donkere lucht, terwijl 9 staat voor sterk lichtvervuilde stadshemel. Zelfs een locatie met Bortle 4 of beter biedt aanzienlijk verbeterde omstandigheden voor nevelobservatie. De atmosferische omstandigheden beïnvloeden de beeldkwaliteit. Turbulentie in de lucht leidt tot onscherpe beelden. Nachten met rustige lucht, herkenbaar aan weinig flikkerende sterren, zijn optimaal. De transparenz van de atmosfeer, beïnvloed door nevel of wolken, bepaalt de hoeveelheid binnenkomend licht. Heldere, maanloze nachten bieden de beste omstandigheden. Het gebruik van nevelfilters kan de zichtbaarheid van emissienevels aanzienlijk verbeteren. Deze filters blokkeren bepaalde golflengten van licht, onder andere van straatverlichting, en laten de kenmerkende emissielijnen van de nevels door, waardoor het contrast tussen nevel en achtergrondhemel wordt verhoogd. Er zijn verschillende filtertypes, zoals UHC-filters (Ultra High Contrast), die een breed spectrum aan emissielijnen doorlaten en smalbandfilters, die zich richten op specifieke lijnen zoals H-alfa of O-III. De keuze van het filter hangt af van het type nevel en de omstandigheden. Een O-III-filter kan bijvoorbeeld bij de observatie van de Hantelnevel (M27) de structuren duidelijk benadrukken. De documentatie van de observaties kan op verschillende manieren plaatsvinden. Schetsen aan de telescoop leggen details vast en trainen het oog. Fotografie maakt gedetailleerde weergave van nevels mogelijk. astrofotografie vereist speciale apparatuur en technieken, zoals lange belichtingstijden en het volgen van de telescoop. Het gebruik van een gekoelde astrocamera vermindert het beeldruis en verhoogt de gevoeligheid. Digitale beeldbewerkingsprogramma's maken het mogelijk om de beelden te optimaliseren en details te benadrukken. Een zorgvuldige documentatie van de observatiedata, zoals datum, tijd, telescoopgegevens, filters en omstandigheden, is essentieel voor latere analyse en vergelijking met andere observaties. Het gebruik van een astronomisch observatieprotocol kan helpen om alle relevante informatie systematisch vast te leggen. Naast visuele observaties en fotografie kunnen spectroscopische metingen worden uitgevoerd om de samenstelling en fysische eigenschappen van de nevels te onderzoeken. De selectie van het juiste doelobject is ook relevant. Begin met heldere, gemakkelijk te vinden nevels zoals de Orionnevel (M42) of de Lagunennebel (M8). Deze objecten bieden ook bij minder optimale omstandigheden indrukwekkende aanzichten. Met toenemende ervaring kunt u zich aan moeilijkere objecten wagen, zoals planetaire nevels of zwakke supernova-restanten. Sterrenkaarten, planetariumsoftware en online bronnen helpen bij de selectie en lokalisatie van nevels. Let op de deklination van de nevel. Objecten met een hoge deklination staan hoger aan de hemel en worden minder beïnvloed door atmosferische verstoringen. Houd ook rekening met het seizoen. Bepaalde nevels zijn slechts op bepaalde tijden van het jaar zichtbaar.

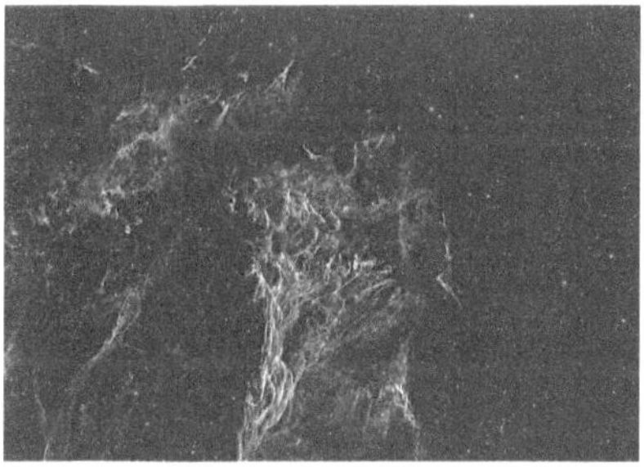

Smalbandfilter [i49]

Spectrale analyse van emissienevels

Vergelijking van prominente emissielijnen

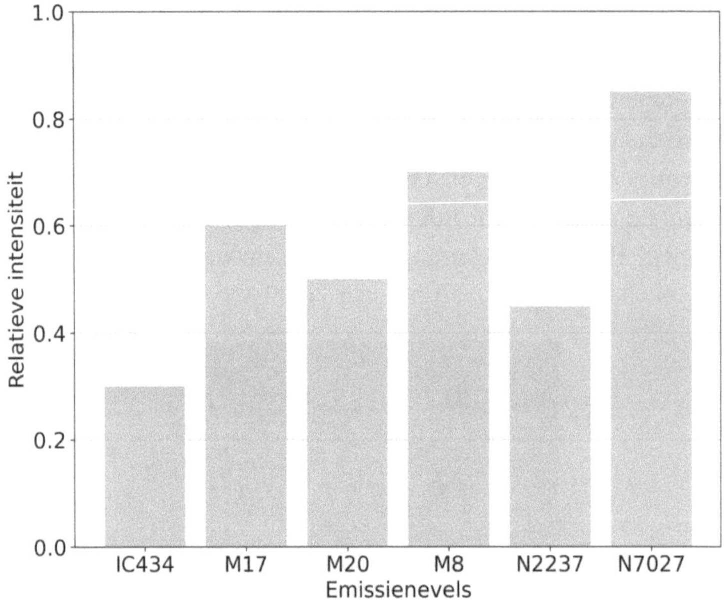

IC434: IC 434 (Paardenkopnevel)

M17: Omeganevel (M17)

M20: Trifidnevel (M20)

M8: Lagunenevel (M8)

N2237: Rosettenevel (NGC 2237)

N7027: NGC 7027

Deze grafiek laat significante variaties zien in de intensiteit van verschillende spectraallijnen over de geobserveerde nevels. NGC 7027 vertoont een bijzonder sterke aanwezigheid van Zuurstof III, wat wijst op hoge temperaturen, terwijl de Rosettenevel (NGC 2237) een meer gebalanceerde verdeling over Waterstof-alfa, Stikstof II en Zwavel II laat zien, wat duidt op een koelere omgeving met een diverse elementaire samenstelling. De Lagunenevel (M8) vertoont een dominante Waterstof-alfa-emissie, kenmerkend voor actieve stervormingsgebieden.

Planetarische nevels vinden

Planetarische nevels, resten van stervende sterren, zijn ondanks hun naam niet met planeten verbonden. Hun ontstaan markeert het einde van sterren met een zonachtige massa. Deze stoten hun buitenste lagen af, die vervolgens door de hete kern van de stervende ster worden aangestraald en gaan gloeien. Het vinden van deze vaak zwakke objecten vereist speciale technieken. Een cruciale factor is de kennis van hun verdeling. Planetarische nevels concentreren zich in de richting van de galactische vlak en de Bulge [s22], dat wil zeggen de centrale verdikking van onze melkweg. Deze gebieden zijn rijk aan sterren, wat de zoektocht bemoeilijkt, vergelijkbaar met het zoeken naar een specifieke bloem in een dicht bos.

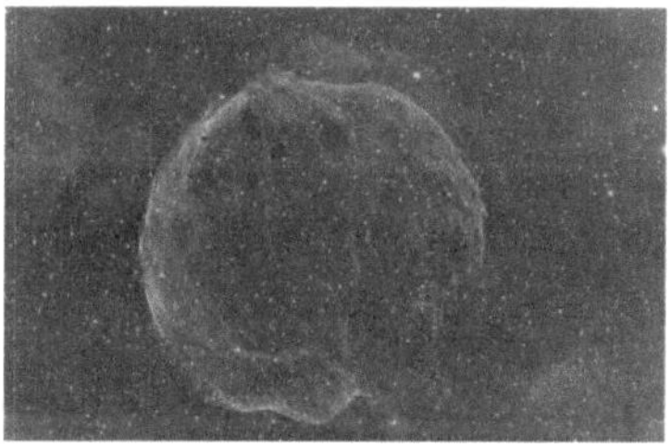

O-III-filter [i50]

De identificatie van de centrale ster, die de nevel laat gloeien, is vaak moeilijk. Veel van deze sterren zijn optisch zwak en bevinden zich niet altijd in het geometrische centrum van de nevel [s22]. Een telescoop met een grote opening verzamelt meer licht en maakt zo de detectie van deze zwakke sterren mogelijk. Ook hier geldt: hoe groter de opening, hoe beter de zichtbaarheid. Een 250-mm telescoop toont meer details dan een 150-mm telescoop. Het gebruik van nevelfilters, met name O-III-filters, verhoogt het contrast door de specifieke golflengten van het licht van de nevel door te laten en tegelijkertijd storend licht te blokkeren. Een O-III-filter benadrukt de structuren van een planetarische nevel duidelijk door de karakteristieke emissielijnen van de dubbel geïoniseerde zuurstof te isoleren. De helderheid van planetarische nevels biedt een mogelijkheid voor afstandsbepaling. De planetarische nevel-luminositeitsfunctie (PNLF) maakt gebruik van de kennis dat de helderste planetarische nevels een vrijwel gelijke absolute helderheid hebben [s23]. Door de schijnbare helderheid te vergelijken met de bekende absolute helderheid kan de afstand worden geschat. De helderste van deze nevels komen van sterren met een lage tot gemiddelde massa, die de PNLF gedurende ongeveer een millennium vormen [s23]. Een begrip van de PNLF kan dus nuttig zijn bij het zoeken naar en analyseren van planetarische nevels. Naast sterrenkaarten en planetariumsoftware kunnen online bronnen zoals databases en catalogi helpen bij het identificeren en lokaliseren van planetarische nevels. Deze databases bevatten vaak gedetailleerde informatie over positie, helderheid, grootte en andere eigenschappen die de zoektocht vergemakkelijken en helpen bij het plannen van observaties.

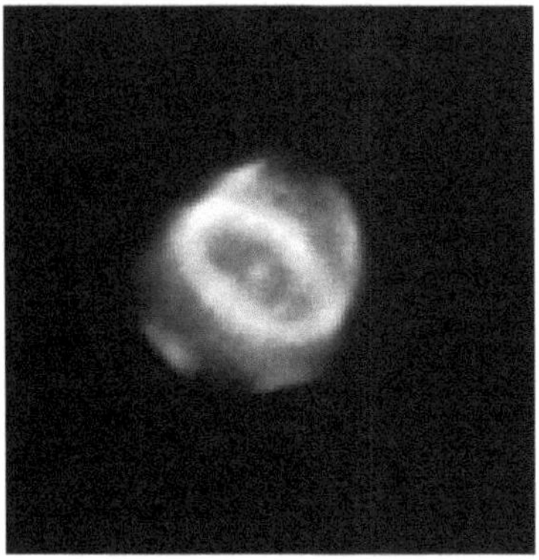

Centrale ster [i51]

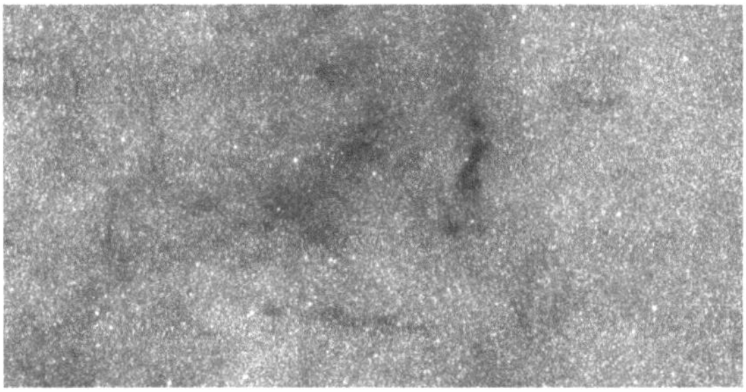

Bult [i52]

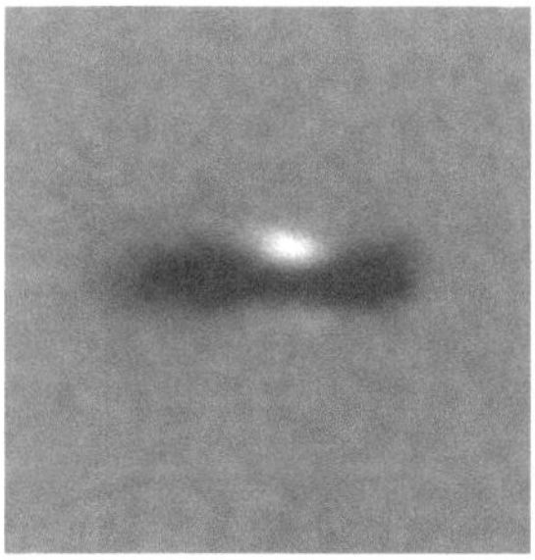

Emissiespectraallijnen [i53]

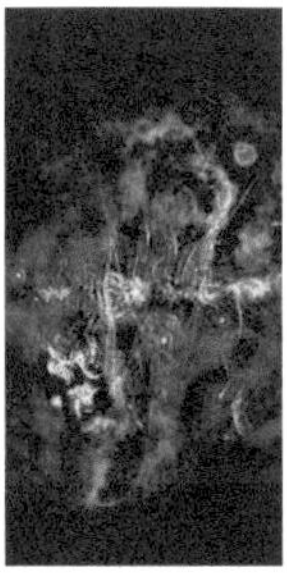

Galactisch vlak [i54]

Goed om te weten

Absolute helderheid

De absolute helderheid is de schijnbare helderheid die een ster of een ander astronomisch object zou hebben als het zich op een standaardafstand van 10 parsec (32,6 lichtjaar) van de aarde zou bevinden. Het is een maat voor de werkelijke lichtkracht van het object.

Dubbel geïoniseerde zuurstof

Dubbel geïoniseerde zuurstof is zuurstof waarvan twee elektronen zijn onttrokken. Het komt voor in hete gasnevels zoals planetarische nevels en zendt licht uit bij bepaalde golflengten die met een O-III-filter kunnen worden geïsoleerd.

Galactische vlak

Het galactische vlak is het hoofdvlak van een sterrenstelsel, waar de meeste sterren, gas en stof zich bevinden. Het verschijnt als een platte, schijfvormige structuur.

Schijnbare helderheid

De schijnbare helderheid geeft aan hoe helder een ster of een ander astronomisch object vanaf de aarde lijkt. Het hangt af van de werkelijke lichtkracht van het object en de afstand tot de aarde.

Vormen van planetaire nevels

Frequentie van waargenomen vormen van planetaire nevels

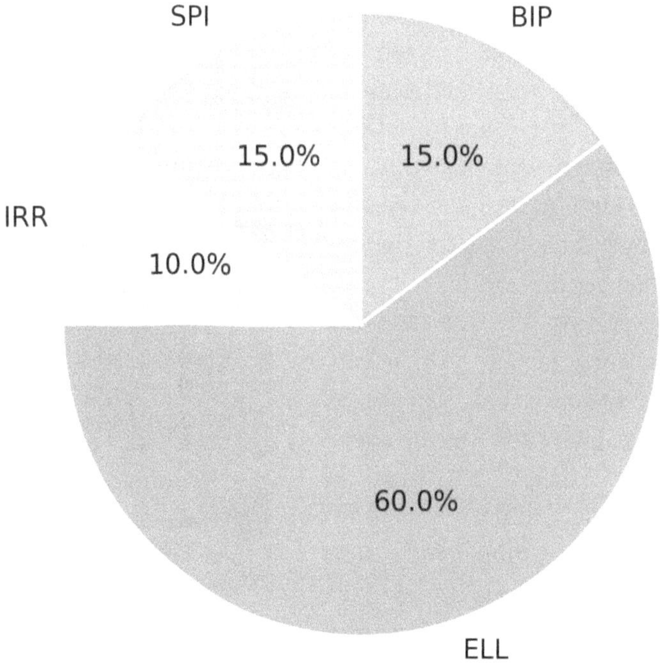

BIP: Bipolair

ELL: Elliptisch

IRR: Onregelmatig

SPI: Spiraal

Elliptische nevels komen het meest voor, wat suggereert dat processen deze morfologie bevorderen. Hoewel spiralen en onregelmatige vormen minder vaak voorkomen, duidt hun aanwezigheid op diverse vormingsmechanismen en invloeden, wat verder onderzoek rechtvaardigt om de onderliggende fysische verschijnselen te begrijpen.

Reflectienevels herkennen

Astrofotografie [i55]

Plejaden [i56]

Reflectienevels kenmerken zich doordat ze sterrenlicht reflecteren, in tegenstelling tot emissienevels, die zelf licht uitstralen. Het licht van nabijgelegen sterren, meestal blauwe reuzen of superreuzen, wordt verstrooid aan de stofdeeltjes in de nevel. Deze stofdeeltjes bestaan vaak uit silicaten, grafiet of ijs. De blauwe kleur ontstaat omdat blauw licht sterker wordt verstrooid dan rood, vergelijkbaar met de Rayleigh-verstrooiing, die de kleur van de daghemel bepaalt. De nevels verschijnen daarom vaak blauw of blauw-wit. De intensiteit van de kleur en helderheid hangt af van de dichtheid van de stofdeeltjes en de helderheid van de stimulerende ster. Een dichte nevel met een heldere ster verschijnt intenser blauw dan een dunne nevel met een zwakkere ster. Zo verschijnt de nevel rond de Plejaden, ook bekend als de Zeven Zusters, in een opvallend blauw. Om reflectienevels te identificeren, is kennis van hun locatie nuttig. Ze bevinden zich vaak in de buurt van jonge sterrenhopen of in gebieden van actieve stervorming, omdat daar de benodigde heldere sterren en stofwolken aanwezig zijn. De nabijheid van heldere sterren is cruciaal, aangezien reflectienevels geen eigen licht uitstralen. Een blik op een sterrenkaart met gemarkeerde nevels kan de zoektocht vergemakkelijken. Let bij het observeren op de kleur en vorm. De blauwachtige tint is een belangrijke aanwijzing, evenals de diffuse, onregelmatige structuur die zich onderscheidt van de puntvormige verschijning van sterren. In tegenstelling tot de vaak filamentachtige structuren van emissienevels, verschijnen reflectienevels eerder glad en gelijkmatig. Het gebruik van filters biedt bij de observatie van reflectienevels in vergelijking met emissienevels geen noemenswaardig voordeel. Aangezien het gereflecteerde sterrenlicht een continu spectrum vertoont, zouden filters die bepaalde golflengten blokkeren, ook het licht van de nevel verzwakken. De observatie van reflectienevels profiteert daarentegen van een donkere hemel en een goede transparantie van de atmosfeer. Net als bij de observatie van emissienevels is een locatie ver weg van stedelijke lichtverschmutzung ideaal. Een telescoop met een grote opening verzamelt meer licht en maakt het mogelijk om zwakkere nevels en fijnere structuren waar te nemen. Bij de documentatie door middel van astrofotografie zijn lange belichtingtijden nodig om voldoende licht vast te leggen en de zwakke details van de nevel weer te geven. De beeldbewerking kan vervolgens helpen om het contrast te verhogen en de kleuren te benadrukken. Zo kunt u de schoonheid van deze fascinerende objecten optimaal vastleggen.

Relatieve helderheid van nevels

Helderheid van veelvoorkomende reflectienevels.

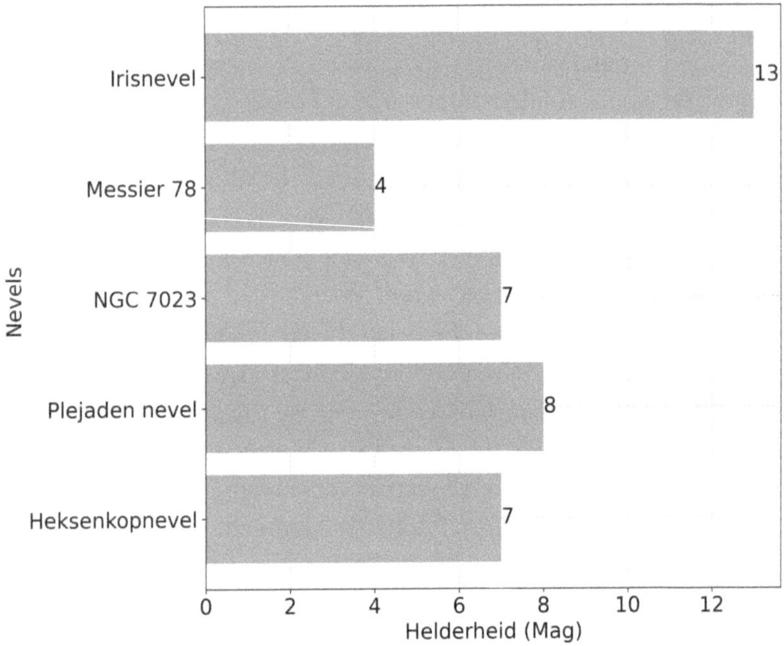

IRN: Irisnevel

M78: Messier 78

NGC: NGC 7023

PLN: Plejaden nevel

WHN: Heksenkopnevel

Het horizontale staafdiagram vergelijkt visueel de relatieve helderheid van verschillende reflectienevels. De Heksenkopnevel lijkt aanzienlijk zwakker dan de anderen, waardoor het een uitdagend doelwit is voor observatie. De Plejadennevel daarentegen heeft de hoogste helderheid, wat aangeeft dat hij prominent aanwezig is aan de nachtelijke hemel. De resterende nevels vallen binnen een gemiddelde helderheid, wat duidt op matige zichtbaarheid met de juiste apparatuur.

Concrete adviezen

- Koppel de waargenomen nevelstructuur aan bekende vormen uit uw dagelijks leven en documenteer deze visueel.
- Maak een geluidsopname van uw gedachten en indrukken tijdens de nevelobservatie om de sfeer vast te leggen.
- Ontwikkel een eigen symbolentaal om de verschillende helderheidsgradaties en structuren binnen de nevel te documenteren.
- Vergelijk uw nevelobservaties met artistieke weergaven van nevels in de literatuur of schilderkunst en noteer de overeenkomsten en verschillen.
- Schrijf een korte sciencefictiontekst die zich afspeelt in de waargenomen nevel en laat uw indrukken in het verhaal doorklinken.
- Experimenteer met verschillende kleurfilters voor uw camera om de esthetische impact van de nevel te veranderen en te documenteren.
- Maak een animatie van meerdere opnames van de nevel om de schijnbare beweging in de loop van de tijd weer te geven.
- Documenteer de verandering in nevelzichtbaarheid afhankelijk van de atmosferische omstandigheden zoals luchtvochtigheid en temperatuur.
- Vergelijk uw observaties met die van andere waarnemers en bespreek de verschillende percepties en interpretaties.
- Ontwerp een driedimensionaal model van de waargenomen nevel, gebaseerd op uw observaties en beschikbare wetenschappelijke gegevens.
- Onderzoek de mythologische verhalen en betekenissen die verschillende culturen aan nevels in de ruimte verbinden.
- Reflecteer op de oneindigheid van de ruimte en uw eigen positie in het universum, geïnspireerd door de nevelobservatie.
- Deel uw fascinatie voor nevels in de diepe ruimte met anderen door uw observaties en documentaties te delen.

3. 3 Sterrenhopen analyseren

De analyse van sterrenhopen biedt diepgaande inzichten in stellair ontwikkelingsprocessen en de dynamiek van deze complexe systemen. Van de nauwkeurige positionering van individuele sterren tot de analyse van hun helderheid en beweging: uitdagingen zoals hoge sterdensiteit en het scheiden van meervoudige sterren vereisen speciale technieken en instrumenten. Dit hoofdstuk biedt de nodige gereedschappen om de geheimen van open en bolvormige sterrenhopen, evenals hun meervoudige stersystemen, te ontrafelen. Duik in de fascinerende wereld van sterrenhopen en vergroot uw begrip van de bouwstenen van onze melkweg.

De combinatie van astrometrische en photometrische gegevens, aangevuld met spectroscopische analyses en waarnemingen in verschillende golflengtegebieden, biedt een uitgebreid begrip van de structuur, ontstaan en ontwikkeling van sterrenhopen.

Open sterrenhopen in kaart brengen

Het in kaart brengen van open sterrenhopen stelt astronomen in staat om hun structuur, ontstaan en ontwikkeling te bestuderen. Een belangrijke stap is het nauwkeurig bepalen van de positie van elke individuele ster binnen de hoop. Dit gebeurt door middel van astrometrische_messingen, die de coördinaten van de sterren aan de hemel vastleggen. Moderne telescopen en detectors leveren uiterst nauwkeurige gegevens, die de posities tot op fracties van een boogseconde kunnen bepalen. Deze gegevens vormen de basis voor het maken van een sterrenkaart van de hoop. De ruimtelijke verdeling van de sterren in een open hoop levert waardevolle informatie over zijn dynamiek. Zo kunnen bijvoorbeeld dichtere kerngebieden wijzen op gravitationele interacties. De identificatie van sterrenstromen, dat wil zeggen sterren die zich gezamenlijk in een bepaalde richting bewegen, kan inzicht geven in eerdere ontmoetingen met andere sterrenhopen of interstellaire wolken. Het in kaart brengen maakt ook de bepaling van de grootte en vorm van de hoop mogelijk. Terwijl sommige hopen een bolvormige structuur vertonen, zijn andere eerder onregelmatig van vorm. Deze verschillen kunnen samenhangen met de leeftijd en het ontstaan van de hoop. Naast de positie is ook de helderheid van elke ster relevant. Door middel van fotometrische metingen wordt de lichtkracht van de sterren in verschillende golflengtegebieden bepaald. Deze gegevens maken het mogelijk om een Hertzsprung-Russell-diagram (HRD) voor de hoop te maken. Het HRD is een belangrijk hulpmiddel voor het bepalen van de leeftijd. Jonge hopen bevatten veel hete, blauwe sterren, terwijl oudere hopen voornamelijk uit koelere, rode sterren bestaan. De positie van de sterren in het HRD onthult ook iets over hun massa en ontwikkelingsstadium. Door de combinatie van astrometrische en fotometrische gegevens kan een uitgebreid beeld van de hoop worden gecreëerd. De beweging van de sterren binnen de hoop is een ander belangrijk aspect. Door herhaalde positiemetingen over een langere periode kunnen astronomen de eigenbeweging van de sterren bepalen, dat wil zeggen hun schijnbare beweging aan de hemel. Deze informatie is cruciaal om de interne dynamiek van de hoop te begrijpen. Zo kunnen bijvoorbeeld sterren worden geïdentificeerd die zich met hoge snelheid van de hoop verwijderen. Deze zogenaamde runaway-sterren zouden door gravitationele interacties uit de hoop zijn geslingerd. De analyse van de sterrenbewegingen helpt ook om de totale massa van de hoop te bepalen. Het in kaart brengen van open sterrenhopen is niet alleen beperkt tot zichtbaar licht. Ook waarnemingen in andere golflengtegebieden, zoals infrarood of röntgen, leveren waardevolle informatie. Infraroodwaarnemingen maken het mogelijk om sterren te ontdekken die door stofwolken worden verborgen. Röntgenwaarnemingen kunnen hete, jonge sterren en supernova-restanten opsporen. De combinatie van gegevens uit verschillende golflengtegebieden levert een vollediger beeld van de hoop en zijn omgeving. Een praktische tip voor de analyse van sterrenhopen is het gebruik van software voor beeldverwerking en data-analyse. Programma's zoals AstroImageJ of SAOImage DS maken het mogelijk om astrometrische en fotometrische metingen uit te voeren, HRD's te maken en de beweging van de sterren te analyseren. Deze hulpmiddelen vergemakkelijken het in kaart brengen en de interpretatie van de gegevens aanzienlijk. Zo kunt u bijvoorbeeld de posities van de sterren in een afbeelding van de hoop markeren en hun coördinaten extraheren. De software berekent dan automatisch de afstanden tussen de sterren en maakt een kaart van de hoop. Door de analyse van de helderheidsverdeling in verschillende gebieden van de hoop kunt u conclusies trekken over zijn structuur en dichtheid, te vergelijken met de analyse van sterrenstelsels, waar vergelijkbare methoden worden toegepast om hun massa en verdeling van donkere materie te bepalen. De verkregen inzichten helpen om de oorsprong en ontwikkeling van sterrenhopen beter te begrijpen en hun rol in de bredere context van de ontwikkeling van sterrenstelsels te plaatsen.

Weglopende sterren [i57]

Goed om te weten

Eigenbeweging

De eigenbeweging van een ster is zijn schijnbare beweging aan de hemel in de loop van de tijd. Door de eigenbeweging van de sterren in een sterrenhoop te meten, kunnen astronomen de interne dynamiek van de hoop onderzoeken en bijvoorbeeld runaway-sterren identificeren.

Fotometrische metingen

Fotometrische metingen bepalen de helderheid van sterren. In de analyse van sterrenhopen worden deze metingen gebruikt om de lichtkracht van sterren te bepalen en een Hertzsprung-Russell-diagram te maken, dat informatie biedt over de leeftijd, massa en ontwikkelingsstadium van de sterren.

Hertzsprung-Russell-diagram (HRD)

Het Hertzsprung-Russell-diagram is een diagram dat de relatie tussen de lichtkracht en de oppervlaktetemperatuur van sterren weergeeft. Het wordt gebruikt om de leeftijd en de ontwikkelingsstatus van sterren in een sterrenhoop te bepalen.

Runaway-sterren

Runaway-sterren zijn sterren die zich met hoge snelheid van hun oorsprong, bijvoorbeeld een sterrenhoop, verwijderen. Hun beweging kan worden veroorzaakt door gravitationele interacties binnen de hoop.

Analyse van Open Clusters

Correlatie tussen leeftijd en afstand van open sterrenhopen.

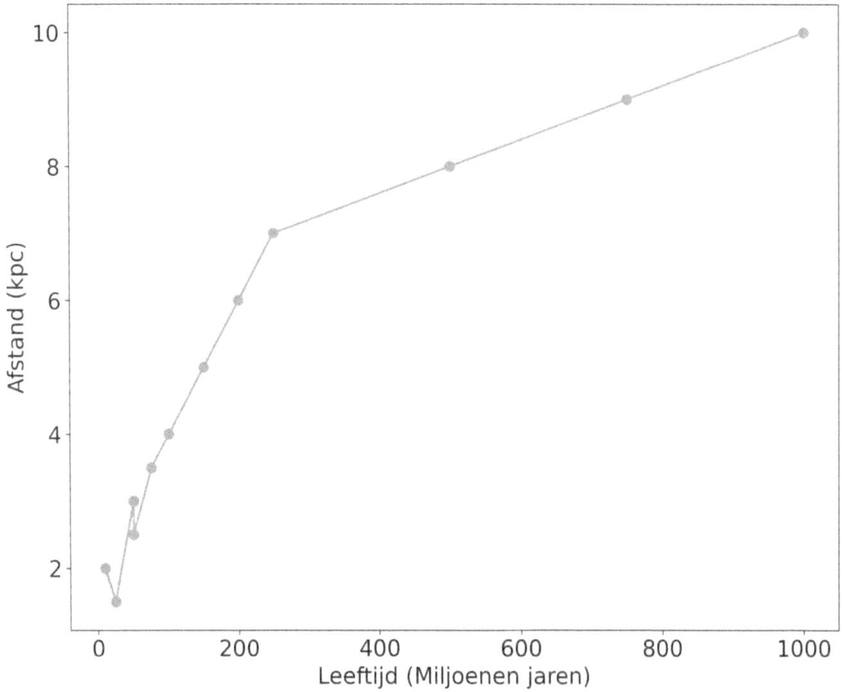

Deze grafiek suggereert een mogelijke correlatie tussen de leeftijd en afstand van open clusters. Jongere clusters bevinden zich meestal dichter bij het galactische vlak, terwijl oudere clusters op grotere afstanden worden gevonden. Dit zou erop kunnen wijzen dat stervorming vaker voorkomt in bepaalde delen van de Melkweg, of dat clusters zich in de loop van de tijd naar buiten bewegen.

Bolvormige sterrenhopen vastleggen

Het vastleggen van bolvormige sterrenhopen vereist andere benaderingen dan het bestuderen van open hopen. Hun hoge sterndichtheid in het centrum stelt bijzondere eisen aan de resolutie van de gebruikte instrumenten. Om de individuele sterren in het kerngebied te kunnen onderscheiden, zijn hoogresolutietelescopen en speciale beeldvormingstechnieken, zoals adaptieve optiek, essentieel. Deze technieken minimaliseren de effecten van atmosferische verstoringen en maken scherpere beelden mogelijk. Zo kunnen zelfs in het dichtste centrum de sterren van elkaar worden gescheiden en gemeten. De positiebepaling van de sterren in bolvormige sterrenhopen gebeurt ook door middel van astrometrische_messungen, die, net als bij open hopen, nauwkeurige coördinaten aan de hemel leveren. De gegevensanalyse is echter complexer, omdat het grote aantal sterren een zorgvuldige scheiding en identificatie van de individuele lichtbronnen vereist. De resulterende sterrenkaarten tonen de ruimtelijke verdeling van de sterren en geven inzicht in de structuur van de bolvormige sterrenhoop. Vaak vertoont zich een bolsymmetrische verdeling met toenemende sterndichtheid naar het centrum toe. Deze dichtheidsmetingen maken conclusies mogelijk over het gravitatieveld van de hoop en zijn massa. De analyse van de sterhelderheden door middel van fotometrie levert informatie over de samenstelling van de sterrenpopulatie. In tegenstelling tot open hopen bestaan bolvormige sterrenhopen meestal uit oude, massa-arme sterren. Het hertzsprungrusselldiagramm_hrd van een bolvormige sterrenhoop verschilt daarom duidelijk van dat van een open hoop. Het toont een kenmerkend verloop met een prominente horizontale tak, die wijst op de aanwezigheid van oude, ontwikkelde sterren. Door de analyse van de positie van de sterren in het HRD kunnen astronomen de leeftijd en de metalliteit van de bolvormige sterrenhoop bepalen. De metalliteit, het aandeel van elementen zwaarder dan waterstof en helium, geeft inzicht in de chemische ontwikkeling van de hoop en zijn omgeving. De beweging van de sterren in bolvormige sterrenhopen is ook een belangrijk onderzoeksgebied. Door de radialen snelheden, dat wil zeggen de snelheden langs de zichtlijn, en de eigen bewegingen, de bewegingen aan de hemel, te meten, kan de interne dynamiek van de hoop worden onderzocht. Deze gegevens maken het mogelijk om de massaverdeling in de hoop te modelleren en de aanwezigheid van eventuele centrale zwarte gaten te verifiëren. Sommige bolvormige sterrenhopen vertonen tekenen van rotatie, terwijl andere meer willekeurige bewegingen vertonen. De analyse van deze bewegingspatronen levert waardevolle aanwijzingen over de ontstaan- en ontwikkelingsgeschiedenis van de hoop. De observatie van bolvormige sterrenhopen in verschillende golflengtegebieden, van ultraviolet tot infrarood licht, vergroot het begrip van hun eigenschappen. Infraroodobservaties maken bijvoorbeeld het kijken door stofwolken mogelijk en de ontdekking van sterren die verborgen zijn in zichtbaar licht. Ultravioletobservaties kunnen hete, jonge sterren opsporen, die in bolvormige sterrenhopen zeldzamer zijn, maar belangrijke aanwijzingen geven over jongere stervormingprocessen. De combinatie van gegevens uit verschillende golflengtegebieden levert een vollediger beeld van de hoop en zijn complexe samenstelling. Zo kan bijvoorbeeld de verdeling van verschillende sterrenpopulaties binnen de hoop worden onderzocht om de geschiedenis van zijn ontstaan en ontwikkeling te reconstrueren. De analyse van de spectra van individuele sterren maakt de bepaling van hun chemische samenstelling mogelijk en levert verdere informatie over de ontstaan-geschiedenis van de bolvormige sterrenhoop. Door de combinatie van al deze gegevens en analysemethoden kunnen we een gedetailleerd beeld van bolvormige sterrenhopen creëren en hun rol in de bredere context van de ontwikkeling van sterrenstelsels begrijpen.

spectrum [i58]

Adaptieve optiek

Een techniek die in de astronomie wordt gebruikt om de effecten van atmosferische turbulentie op de beeldkwaliteit te verminderen. Het maakt scherpere beelden van hemelobjecten mogelijk door de vervormingen door de aardatmosfeer in realtime te corrigeren.

Eigen beweging

De schijnbare beweging van een ster aan de hemel, dwars op de zichtlijn. Dit is een maat voor de snelheid waarmee een ster zich relatief tot de zon beweegt.

Metalliteit

Het aandeel van elementen zwaarder dan waterstof en helium in een ster of sterrenpopulatie. Het geeft inzicht in de chemische ontwikkeling van het object en zijn omgeving in de loop van de tijd. Lage metalliteit duidt op een vroege oorsprong, toen het universum minder zware elementen bevatte.

Radiale snelheid

De snelheid van een ster langs de zichtlijn naar de waarnemer. Deze wordt gemeten door het Dopplereffect en is belangrijk voor het bestuderen van de beweging van sterren in sterrenhopen en sterrenstelsels.

Analyse van Bolvormige Sterrenhopen

Grootte, dichtheid en afstand van bolvormige sterrenhopen.

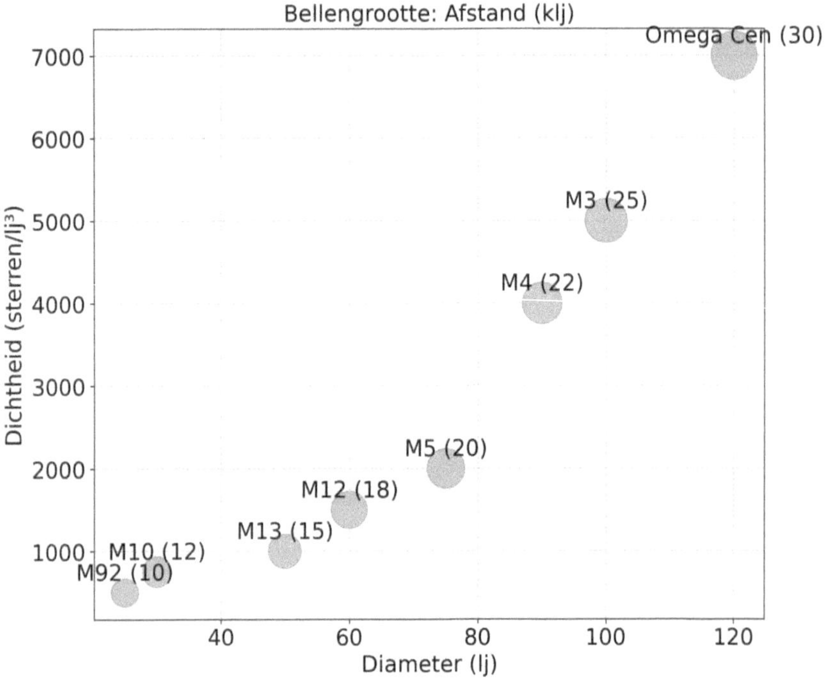

Blasengröße: Afstand (klj)

M10: Messier 10	M12: Messier 12
M13: Messier 13	M3: Messier 3
M4: Messier 4	M5: Messier 5
M92: Messier 92	Omega Cen: Omega Centauri

Deze grafiek laat een correlatie zien tussen de grootte en dichtheid van bolvormige sterrenhopen. Grotere sterrenhopen zijn meestal dichter, wat suggereert dat er een sterkere zwaartekracht is. Bovendien lijkt de afstand geen significante invloed te hebben op de grootte of dichtheid, wat aangeeft dat deze eigenschappen intrinsiek zijn aan de sterrenhopen zelf. Enkele uitschieters suggereren verder onderzoek naar hun unieke vorming of evolutie.

Meervoudige sterren observeren

Het bestuderen van meervoudige sterrensystemen in sterrenhopen biedt waardevolle inzichten in de stervorming en -ontwikkeling. Het observeren van deze systemen vereist echter speciale technieken om de afzonderlijke componenten te identificeren en te karakteriseren. Een eerste stap is hoogwaardige beeldvorming om de afzonderlijke sterren van het meervoudige systeem te scheiden. Adaptieve optiek in moderne telescopen helpt om de beeldvervorming veroorzaakt door de aardatmosfeer te corrigeren en zo de resolutie te verbeteren [s24]. Hierdoor kunnen dicht bij elkaar liggende sterren worden gedifferentieerd en hun relatieve posities nauwkeurig worden gemeten. Naast de ruimtelijke resolutie is spectrale analyse cruciaal om meervoudige sterren te identificeren. Door het lichtspectrum van een schijnbaar enkele ster te onderzoeken, kunnen subtiele verschuivingen van de spectrale lijnen worden waargenomen, veroorzaakt door de beweging van de sterren om elkaar heen. Deze Doppler-verschuivingen geven inzicht in de radiale snelheden van de sterren en maken het mogelijk hun banen te bepalen. De combinatie van astrometrische en spectroscopische gegevens maakt een uitgebreide karakterisering van het meervoudige sterrensysteem mogelijk, inclusief het aantal componenten, hun massa's en hun omloopperioden.

Het bestuderen van meervoudige sterren in verschillende golflengtegebieden, met name in het infrarood, kan aanvullende informatie opleveren. Infraroodobservaties zijn bijzonder nuttig voor het bestuderen van meervoudige sterrensystemen die zijn ingebed in dichte stofwolken, omdat infraroodstraling stof gemakkelijker doordringt dan zichtbaar licht [s24]. Hierdoor kunnen ook in sterk afgeschermde gebieden

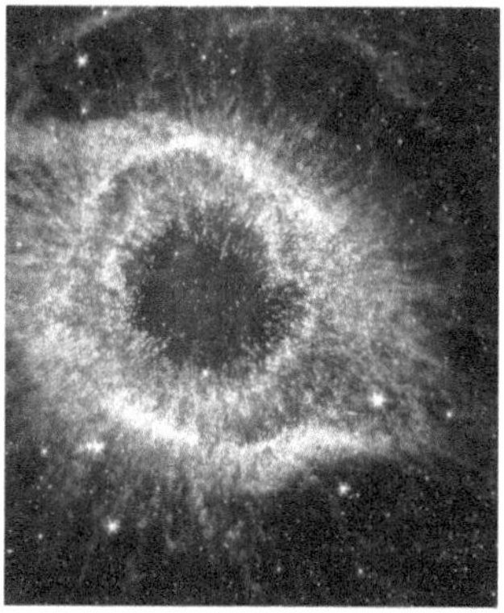

infraroodstraling [i59]

sterrenhopen worden geanalyseerd en de eigenschappen van de daarin aanwezige meervoudige sterren worden bepaald. De helderheidsmetingen van de afzonderlijke componenten van een meervoudig sterrensysteem in verschillende golflengtegebieden leveren informatie op over hun temperaturen en lichtsterkten. Deze gegevens kunnen worden vergeleken met sterontwikkelingsmodellen om de leeftijd en de ontwikkelingsstadia van de sterren te bepalen. De analyse van de ruimtelijke verdeling van meervoudige sterrensystemen binnen een sterrenhoop kan inzicht geven in de vorming en ontwikkeling van de gehele hoop. Zo kan de frequentie van meervoudige sterren in verschillende regio's van de hoop aanwijzingen geven over de dynamiek en de gravitationele interacties binnen de hoop. Door de gegevens van enkelvoudige sterren en meervoudige sterrensystemen te combineren, kan een gedetailleerd beeld van de sterrenpopulatie en hun ontwikkeling binnen de sterrenhoop worden gecreëerd. Het bestuderen van de eigenschappen van meervoudige sterren in sterrenhopen is dus een belangrijk hulpmiddel om de complexe processen van stervorming en de dynamiek van sterrenhopen beter te begrijpen. De verkregen inzichten helpen bij het reconstrueren van de ontwikkeling van sterrenstelsels als geheel, aangezien sterrenhopen fungeren als bouwstenen van sterrenstelsels en hun ontwikkeling aanzienlijk beïnvloeden. Het observeren van meervoudige sterrensystemen stelt hoge eisen aan de instrumenten en analysemethoden, maar biedt tegelijkertijd een enorm potentieel voor nieuwe ontdekkingen en een dieper begrip van de astrofysische processen in het universum.

Hoogwaardige beeldvorming

Het maken van beelden met zeer fijne details om dicht bij elkaar liggende objecten zoals de sterren in een meervoudig systeem te scheiden.

Infraroodobservaties

Observaties van hemellichamen in het infrarode golflengtegebied van licht. Infraroodlicht kan stofwolken doordringen en maakt zo de observatie mogelijk van sterren die verborgen zijn in zichtbaar licht.

Radiale snelheid

De snelheid van een ster langs de zichtlijn naar de waarnemer. Deze wordt gemeten door de Doppler-verschuiving in het spectrum van de ster.

Spectroscopische gegevens

Informatie die wordt verkregen uit de analyse van het lichtspectrum van een ster. Deze kunnen worden gebruikt om de radiale snelheid en de samenstelling van sterren te bepalen.

Sterontwikkelingsmodellen

Theoretische modellen die beschrijven hoe sterren in de loop van de tijd veranderen, van hun ontstaan tot hun dood. Ze helpen om de leeftijd en de toekomstige ontwikkeling van sterren te bepalen.

Verdeling van Sterrenstelsels in een Cluster

Verdeling van sterrenstelsels per type in een cluster.

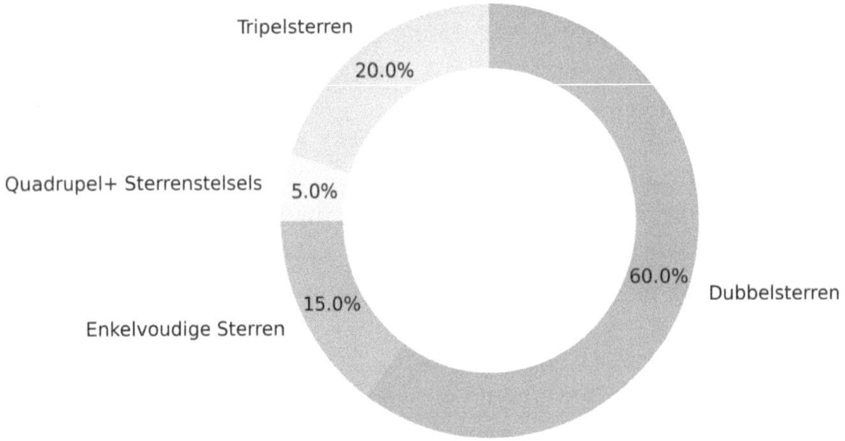

DUB: Dubbelsterren

ENK: Enkelvoudige Sterren

QUA: Quadrupel+ Sterrenstelsels

TRI: Tripelsterren

Dubbelsterren domineren deze sterrenhoop, wat wijst op een potentieel dynamische omgeving die rijp is voor stellaire interacties. De significante aanwezigheid van tripelsterren suggereert verder complexe gravitatiedynamiek binnen de cluster. Het kleinere aandeel van enkelvoudige en quadrupel+ sterrenstelsels kan te wijten zijn aan observationele bias of aan feitelijke clusterformatie- en evolutieprocessen die meervoudige stervorming bevorderen.

Concrete adviezen

- Vergelijk de sterdensity in het centrum van de sterrenhoop met die aan de rand om aanwijzingen te krijgen over de ontwikkeling ervan.
- Zoek naar uitschieters in de helderheidsverdeling van de sterren die op ongebruikelijke sterontwikkeling kunnen wijzen.
- Simuleer de beweging van de sterren in de hoop om de toekomstige ontwikkeling te voorspellen.
- Maak een driedimensionale kaart van de sterrenhoop om de ruimtelijke structuur beter te begrijpen.
- Vergelijk de eigenschappen van verschillende sterrenhopen om overeenkomsten en verschillen te herkennen.
- Onderzoek de omgeving van de hoop op gas- en stofwolken die de vorming ervan kunnen hebben beïnvloed.
- Zoek naar sterrenstromen die van de hoop komen en zijn geschiedenis onthullen.
- Analyseer de kleuren van de sterren in de hoop om hun temperatuur en samenstelling te bepalen.
- Bepaal de leeftijd van de sterrenhoop op basis van de verdeling van de sterren in het Hertzsprung-Russell-diagram.
- Controleer of de sterrenhoop deel uitmaakt van een grotere structuur, zoals een sterrenstelselgroep.
- Zoek naar wetenschappelijke publicaties over de sterrenhoop om uw kennis uit te breiden.
- Ontwikkel eigen vragen over de sterrenhoop en probeer deze te beantwoorden met behulp van uw observaties.
- Deel uw resultaten en inzichten met andere hobby-astronomen.

Terugblik - 3. Diepe ruimte

De blik in de diepten van het heelal fascineert al sinds mensenheugenis en opent voor ons hobbyastronomen een schier eindeloos veld aan observatiemogelijkheden. Van onze thuisgalaxie, de Melkweg, tot verre sterrenstelsels zijn er talloze objecten te ontdekken. Maar juist de enorme omvang van het universum kan ook intimiderend zijn. Hoe vind je je weg in deze kosmische oceaan? Deze tekst biedt praktische aanbevelingen die je helpen bij het plannen, uitvoeren en documenteren van je observaties in de diepe ruimte.

Een belangrijk aspect is de keuze van de juiste uitrusting. Terwijl een verrekijker al een eerste blik op sterrenhopen en helderdere nevels mogelijk maakt, biedt een telescoop met een grotere opening de mogelijkheid om fijnere details waar te nemen, zoals de spiraalarmen van sterrenstelsels of de centrale ster van een planetaire nevel. Ook het gebruik van filters kan de observatie van bepaalde objecten, zoals emissienevels, aanzienlijk verbeteren door specifieke golflengten van licht te filteren en het contrast te verhogen. Denk bij het kiezen van je uitrusting ook aan de documentatie van je observaties. Schetsen aan de telescoop trainen je observatievermogen, terwijl astrofotografie indrukwekkende beelden mogelijk maakt. Hierbij zijn een gekoelde astrocamera en een nauwkeurige volgmechanisme van de telescoop van voordeel.

De keuze van de observatielocatie speelt een cruciale rol. Om de zwakke objecten van de diepe ruimte optimaal waar te nemen, moet je een zo donker mogelijke locatie kiezen, ver weg van stedelijke lichtvervuiling. Let op een lage Bortle-waarde en houd rekening met de atmosferische omstandigheden. Rustige lucht en heldere, maanloze nachten bieden de beste voorwaarden voor succesvolle observaties. Plan je observaties zorgvuldig en gebruik sterrenkaarten, planetariumsoftware en online bronnen om je doelobjecten te lokaliseren en de optimale observatietijd te bepalen. Houd daarbij rekening met de declinatie van het object en het seizoen.

De uitdagingen bij het observeren van Deep-Sky-objecten liggen vaak in hun geringe helderheid en hun schijnbare nabijheid tot andere hemellichamen. Vooral bij het zoeken naar planetaire nevels of sterrenhopen in de buurt van de galactische vlak is geduld en een systematische aanpak vereist. Maak gebruik van de hulpmiddelen die je tot je beschikking hebt, zoals speciale catalogi en databases, om de positie en de eigenschappen van je doelobjecten te onderzoeken. Verfijn je zoekstrategie door optische en radiobservaties te combineren en gebruik software voor beeldverwerking en data-analyse om je observaties te documenteren en te interpreteren. Zo kun je bijvoorbeeld de helderheidsverdeling in sterrenhopen analyseren of de beweging van sterren in meervoudige stersystemen bestuderen.

De diepe ruimte biedt een overvloed aan fascinerende objecten die wachten om door jou ontdekt te worden. Met de juiste uitrusting, een goede planning en wat geduld kun ook jij de geheimen van het universum verkennen en je eigen astronomische ontdekkingen doen. Laat je niet ontmoedigen door de uitdagingen, maar gebruik ze als een stimulans om je vaardigheden en kennis uit te breiden. De beloning is een dieper begrip van de kosmos en de vreugde van je eigen verkenning van het heelal.

4. Astrofysische fenomenen

Wat gebeurt er als materie in een zwart gat valt? De enorme krachten in het universum vormen ruimte en tijd volgens wetten die ons alledaagse begrip te boven gaan. Van microscopisch kleine deeltjes tot de grootste bekende structuren, werken fundamentele principes die de moderne astronomie pas begint te ontrafelen. Op de volgende pagina's verkennen we deze fenomenen aan de hand van actuele onderzoeksresultaten en nauwkeurige observaties. De reis leidt ons naar de fascinerendste raadsels van het heelal, waarvan de oplossing ons begrip van het universum zou kunnen revolutioneren.

4. 1 Ruimtetijd begrijpen

Gravitation vormt het universum op fundamentele wijze. Om astrofysische verschijnselen zoals planetenbanen, gravitatielenzen of zwarte gaten te begrijpen, is het concept van ruimtetijd noodzakelijk. Dit hoofdstuk behandelt de observatie van gravitatieve effecten en de daarmee samenhangende uitdagingen, zoals het bewijs van onzichtbare objecten of de verklaring van de waargenomen materieverdeling. Duik in de fascinerende wereld van ruimtetijd en vergroot uw begrip van het heelal.

Ruimte-tijd is geen statische achtergrond, maar een dynamisch weefsel dat wordt gevormd en beïnvloed door massa en energie, wat zich manifesteert in waarneembare fenomenen zoals planetenbanen, gravitatielenzen, roodverschuiving en getijdenkrachten.

Gravitatieveffecten observeren

Graviteit vormt het universum en beïnvloedt de beweging van alle objecten, van planeten tot licht. Deze invloeden zijn op verschillende manieren waarneembaar. De gebogen banen van planeten om sterren zijn een direct resultaat van de graviteit. De planeten worden aangetrokken door de zwaartekracht van de ster en bewegen zich in een ellips om hem heen. Ook de maan draait om de aarde vanwege de graviteit. Zijn baan is eveneens een ellips, gevormd door de aantrekkingskracht van de aarde. Een andere waarneembare effect is de gravitational lensing. Massa kromt de ruimte-tijd en licht dat deze gekromde ruimte-tijd doorkruist, wordt afgebogen. Galaxieclusters, met hun enorme massa, kunnen het licht van achterliggende objecten buigen en versterken, waardoor deze objecten vervormd of zelfs meervoudig zichtbaar worden. Astronomen gebruiken dit effect om verre sterrenstelsels te bestuderen. Ook de roodverschuiving van licht door graviteit is meetbaar. Licht verliest energie wanneer het ontsnapt uit een sterk gravitatief veld. Dit energieverlies leidt tot een verschuiving van de lichtgolflengte naar het rode, een fenomeen dat bekendstaat als gravitationele roodverschuiving. Dit effect is experimenteel bevestigd en is een ander bewijs voor de geldigheid van de allgemeinen_relativitaetstheorie. De getijdenkrachten zijn ook een gevolg van de graviteit. Ze ontstaan door het verschil in zwaartekracht op verschillende punten van een object. De aantrekkingskracht van de maan is aan de naar de maan gerichte kant van de aarde sterker dan aan de andere kant. Dit verschil leidt tot de getijden, de periodieke stijging en daling van de zeespiegel. De zon beïnvloedt de getijden

Zwart Gat [i61]

ook, maar in mindere mate. Zwarte gaten zijn objecten van extreme dichtheid, waarvan de graviteit zo sterk is dat zelfs licht niet kan ontsnappen. Hoewel ze niet direct zichtbaar zijn, kunnen astronomen hun bestaan aantonen door hun effecten op de omgeving te observeren. Materie die in een zwart gat valt, wordt extreem heet en zendt röntgenstraling uit voordat het de evenementshorizon overschrijdt. Ook de beweging van sterren om een onzichtbaar, massarijk centrum wijst op de aanwezigheid van een zwart gat.

Gravitatiegolven, kleine rimpelingen in de ruimte-tijd, ontstaan door de versnelling van massa's. Deze golven werden voor het eerst in 2015 direct gedetecteerd en openen een nieuw venster voor de observatie van het universum. De samensmelting van twee zwarte gaten of neutronensterren genereert bijzonder sterke gravitatiegolven die met speciale detectoren op aarde gemeten kunnen worden. Door de analyse van deze golven kunnen wetenschappers meer leren over de eigenschappen van deze extreme objecten en de oorsprong van het universum. Een hobby-astronoom kan zwar niet direct gravitatiegolven detecteren, maar kan de openbaar beschikbare gegevens van de gravitatiegolfobservatoria analyseren en zo bijdragen aan het onderzoek naar deze fascinerende fenomenen. De expansie van het universum is ook een effect van de graviteit – of beter gezegd, van de interactie met de donkere energie. De zwaartekracht werkt tegen de expansie, terwijl de donkere energie deze versnelt. De observatie van de roodverschuiving van verre sterrenstelsels levert aanwijzingen over de expansiesnelheid van het universum en de verhouding tussen graviteit en donkere energie. De meting van de valversnelling op aarde is een eenvoudige manier om de graviteit te observeren. Met een pendel kan de valversnelling vrij nauwkeurig worden bepaald. De swingduur van een pendel hangt af van de lengte van de pendel en de lokale valversnelling. Door de swingduur en de pendellengte te meten, kan de valversnelling worden berekend. Deze eenvoudige meting demonstreert het effect van de aantrekkingskracht van de aarde.

Neutronenster [i60]

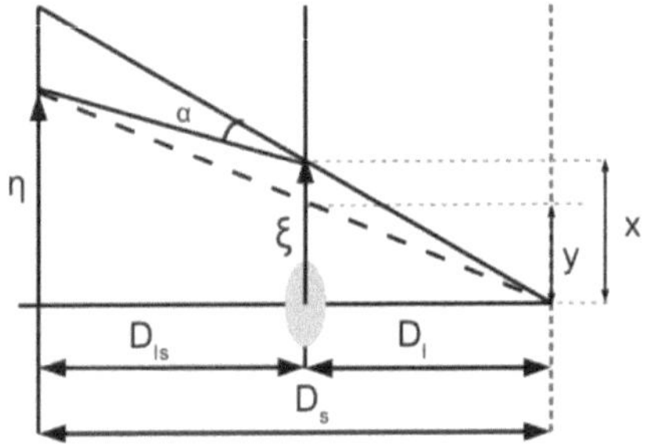

gravitatielenseffect [i62]

Goed om te weten

Evenementshorizon

De evenementshorizon van een zwart gat is de grens waar de graviteit zo sterk is dat niets meer kan ontsnappen. Alles wat de evenementshorizon overschrijdt, is voor altijd gevangen in het zwarte gat.

Gravitatiegolven

Gravitatiegolven zijn kleine golven in de ruimte-tijd, die ontstaan door de versnelling van massa's, zoals bij de botsing van zwarte gaten. Ze verspreiden zich met de snelheid van het licht en kunnen met speciale detectoren worden gemeten.

Gravitational Lensing

De gravitationele lensing is een fenomeen waarbij licht van verre objecten wordt gebogen en versterkt door de graviteit van massieve objecten, zoals galaxieclusters. Dit leidt tot vervormde of meervoudige beelden van de verre objecten en stelt astronomen in staat om objecten te zien die anders te zwak zouden zijn.

Valversnelling

De valversnelling is de versnelling die een object ervaart wanneer het in vrije val onder invloed van de zwaartekracht staat. Op aarde bedraagt deze ongeveer 9,81 meter per seconde in het kwadraat.

Zwaartekracht vs. Afstand

Illustreert de omgekeerde kwadratenwet van de zwaartekracht.

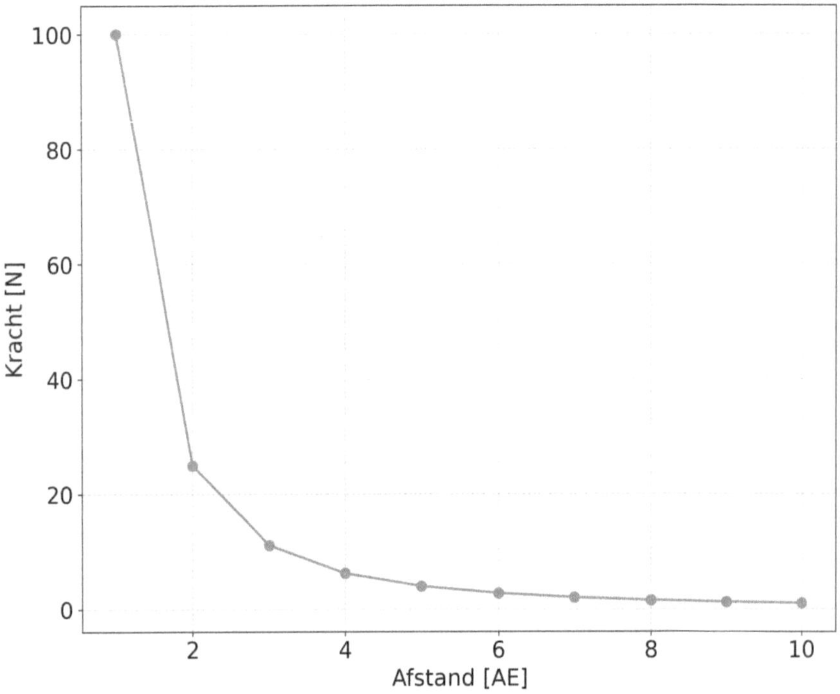

De grafiek laat zien dat de zwaartekracht snel afneemt naarmate de afstand toeneemt. Een kleine verandering in afstand dichtbij de zwaartekrachtbron heeft een veel grotere impact op de kracht dan dezelfde verandering verder weg. Dit verklaart waarom planetaire banen stabiel zijn, met de zwaartekracht die een sterkere aantrekkingskracht uitoefent wanneer dichter bij de ster.

Zwarte gaten detecteren

Het bewijs van zwarte gaten is complex vanwege hun aard als objecten waaruit noch licht noch materie kan ontsnappen. Astronomen maken daarom gebruik van indirecte methoden die de effecten van de immense zwaartekracht van deze objecten benutten. Een centrale methode is de observatie van de beweging van sterren in de nabijheid van vermoedelijke zwarte gaten. Sterren draaien op karakteristieke banen rond een onzichtbaar, maar massief centrum – zoals een zwart gat. De snelheden en omlooptijden van deze sterren geven aanwijzingen over de massa van het centrale object. Als deze massa een bepaalde waarde overschrijdt, is een zwart gat de meest plausibele verklaring. De analyse van sterrenbanen in het centrum van onze Melkweg heeft bijvoorbeeld sterke aanwijzingen opgeleverd voor een supermassief zwart gat genaamd Sagittarius A*. Een andere benadering is de detectie van röntgenstraling. Wanneer materie in een zwart gat valt, vormt zich een accretieschijf, waarin de materie door wrijving extreem wordt verhit. Deze hete materie zendt intense röntgenstraling uit, die met speciale telescopen kan worden gemeten. De karakteristieke intensiteit en variabiliteit van deze röntgenemissies dienen als belangrijke indicator voor de aanwezigheid van een zwart gat. Door röntgenobservaties te combineren met gegevens van andere golflengtegebieden, waaronder radiogolven, krijgen astronomen een uitgebreider beeld van de processen rond het zwarte gat. Ook gravitational lensing effecten kunnen worden gebruikt om zwarte gaten aan te tonen. De enorme zwaartekracht van een zwart gat vervormt de ruimte-tijd in zijn omgeving zo sterk dat het als een lens werkt en het licht van achterliggende objecten afbuigt en versterkt. Dit effect kan ertoe leiden dat verre sterren of sterrenstelsels vervormd of zelfs meerdere keren verschijnen. De nauwkeurige analyse van deze vervormingen maakt het mogelijk om de massa van het zwarte gat te schatten. Ten slotte bieden gravitatiegolven, kleine vervormingen van de ruimte-tijd die ontstaan door de versnelling van massieve objecten, een andere manier om zwarte gaten te detecteren. De samensmelting van twee zwarte gaten genereert bijzonder sterke gravitationele golven die door detectors op aarde kunnen worden geregistreerd. De analyse van de golfvorm en frequentie onthult informatie over de massa's en rotatiesnelheden van de betrokken zwarte gaten. Geïnteresseerden kunnen de meetgegevens van de gravitatiewave-observatoria, die openbaar toegankelijk zijn, zelfstandig analyseren en zo deelnemen aan het onderzoek naar deze fenomenen. Zo kan onder andere de massa van de zwarte gaten uit de gegevens worden afgeleid en vergeleken worden met de voorspellingen van de allgemeinen_relativitaetstheorie.

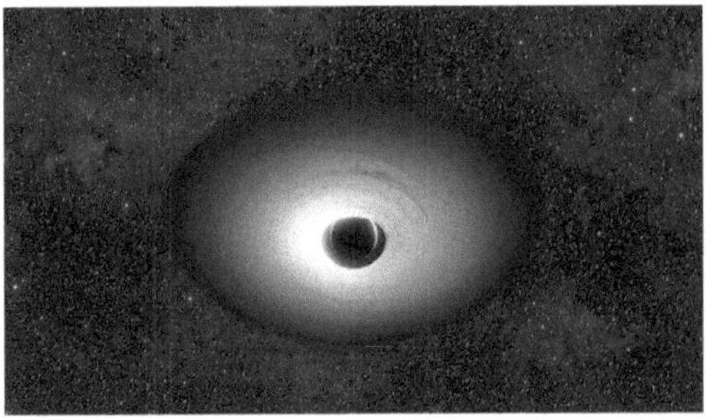

accretieschijf [i63]

Accretieschijf

Een draaiende schijf van gas en stof die zich rond een zwart gat vormt. Door de wrijving in de schijf wordt de materie extreem heet en zendt röntgenstraling uit.

Gravitatiegolven

Golven in de ruimte-tijd die worden veroorzaakt door de versnelling van massieve objecten. De samensmelting van zwarte gaten genereert bijzonder sterke gravitationele golven.

Gravitational lensing effect

De afbuiging van licht door de zwaartekracht van een massief object, zoals een zwart gat. Het licht van achterliggende objecten wordt gebogen en versterkt, waardoor deze vervormd of meerdere keren kunnen verschijnen.

Röntgenstraling

Een energierijke elektromagnetische straling die wordt uitgezonden door zeer hete materie, zoals die in een accretieschijf rond een zwart gat.

Sagittarius A*

Een supermassief zwart gat in het centrum van onze Melkweg.

Supermassief zwart gat

Een zwart gat met een massa die miljoenen of miljarden keren groter is dan die van de zon. Ze bevinden zich vaak in het centrum van sterrenstelsels.

Zwart Gat Detectie

Correlatie tussen massa, grootte en activiteit van zwarte gaten.

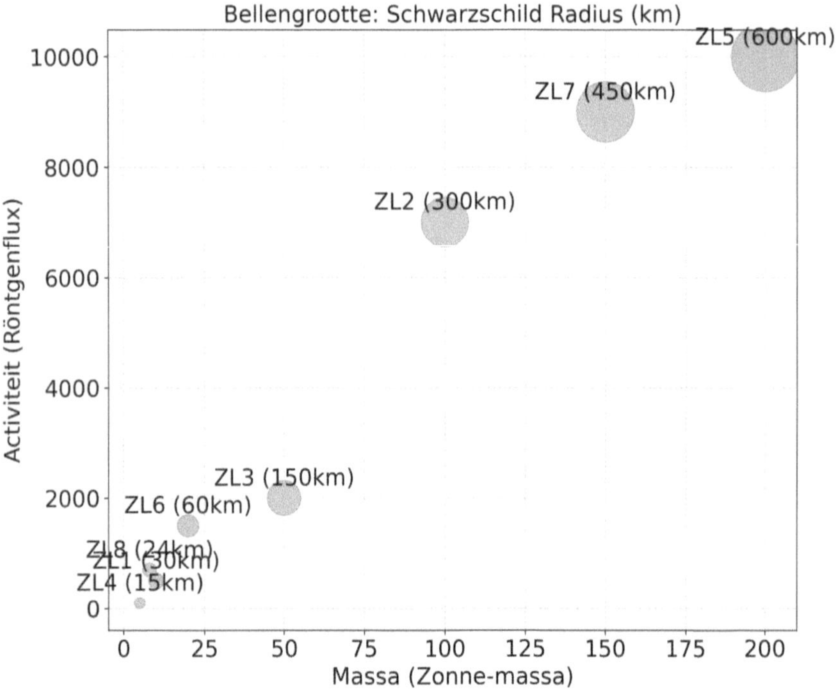

Blasengröße: Schwarzschild Radius (km)

ZL1: Zwart Gat 1	ZL2: Zwart Gat 2
ZL3: Zwart Gat 3	ZL4: Zwart Gat 4
ZL5: Zwart Gat 5	ZL6: Zwart Gat 6
ZL7: Zwart Gat 7	ZL8: Zwart Gat 8

Grotere zwarte gaten vertonen over het algemeen hogere activiteitsniveaus. Hoewel sommige kleinere zwarte gaten ook een hoge activiteit vertonen, is er een duidelijke trend die een positieve correlatie tussen massa en activiteit suggereert. De grootte van het zwarte gat lijkt recht evenredig met zijn massa, zoals verwacht.

Materieverdeling analyseren

De analyse van de materieverdeling in het universum is cruciaal voor het begrip van zijn structuur en ontwikkeling. Astronomen gebruiken verschillende methoden om de verdeling van zichtbare en donkere materie in kaart te brengen. De verdeling van zichtbare materie, zoals sterren en sterrenstelsels, wordt bepaald door telescoopwaarnemingen in verschillende golflengtegebieden. Door de posities en snelheden van sterrenstelsels te meten, kunnen wetenschappers de grootschalige structuur van het universum reconstrueren, bestaande uit filamenten, galaxieclusters en -superclusters. Het bestuderen van de verdeling van galaxieclusters stelt ons in staat om conclusies te trekken over de onderliggende verdeling van donkere materie, aangezien deze de structuren van het universum aanzienlijk beïnvloedt. De gravitationslinsenwirkung, de buiging van licht door massieve objecten, dient ook als een hulpmiddel voor het in kaart brengen van de materieverdeling, aangezien de sterkte van de afbuiging afhangt van de massa van het afbuigende object. Zo kunnen zelfs onzichtbare structuren zoals donkere materie zichtbaar worden gemaakt door hun gravitationele invloed op het licht. Een alternatieve visie betwist de noodzaak van donkere materie en donkere energie in het ΛCDM-model en zoekt naar verklaringen voor de waargenomen anomalieën in de materieverdeling door aanpassingen van de gravitatie theorie [s25]. Door verschillende meetmethoden en theoretische modellen te combineren, proberen onderzoekers een vollediger beeld van de materieverdeling in het universum te krijgen en de drijvende krachten achter zijn evolutie te ontrafelen. Zoals bij een puzzel, waarbij de afzonderlijke stukken de verdeling van materie vertegenwoordigen, proberen wetenschappers het totaalbeeld van het universum samen te stellen en zijn geschiedenis te reconstrueren.

Goed om te weten

Filamenten

Draadachtige structuren van sterrenstelsels en sterrenstelselsclusters die het kosmische web vormen en de grootste bekende structuren in het universum vertegenwoordigen.

Galaxieclusters

Verzamelingen van honderden tot duizenden sterrenstelsels die door zwaartekracht aan elkaar gebonden zijn.

Gravitatie theorie

Een theorie die de aantrekkingskracht tussen massa's beschrijft. De bekendste is de algemene relativiteitstheorie van Albert Einstein.

Materieverdeling in het Universum

Samenstelling van de energiedichtheid van het universum.

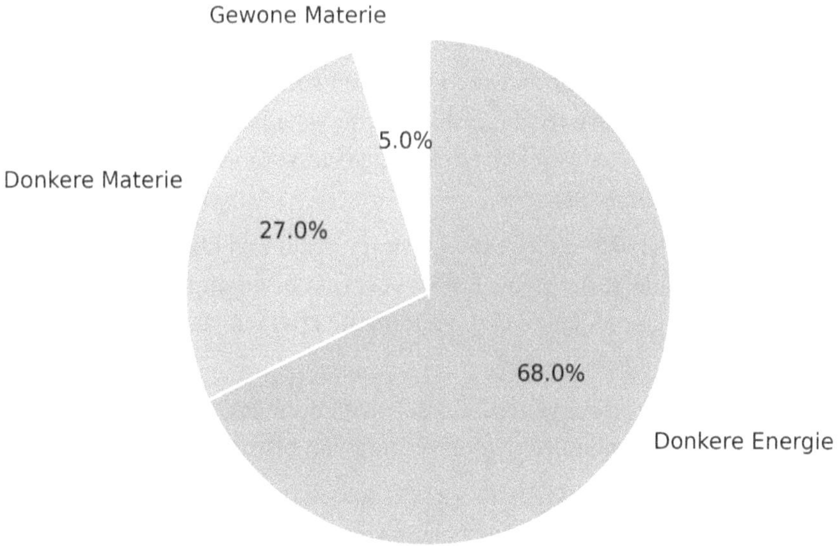

- DE: Donkere Energie
- DM: Donkere Materie
- GM: Gewone Materie

Het overgrote deel van de inhoud van het universum bestaat niet uit zichtbare materie zoals sterren en sterrenstelsels. Donkere energie maakt het grootste deel uit en drijft de versnelde uitdijing van het universum aan. Donkere materie, hoewel onzichtbaar, oefent een zwaartekrachtinvloed uit en maakt een aanzienlijk deel uit. Gewone materie, alles wat we kunnen zien en waarmee we kunnen interageren, vertegenwoordigt slechts een klein deel van de totale kosmische inventaris.

Concrete adviezen

- Stel je de ruimtetijd voor als een gespannen doek en plaats daarop bollen van verschillende gewichten. Observeer hoe de bollen het doek vervormen.
- Illustreer de gekromde ruimtetijd rond een zwart gat door een trechter te gebruiken en kijk hoe knikkers erin spiraalsgewijs verdwijnen.
- Gebruik een elastiek en twee gewichten van verschillende grootte om de gravitatieve roodverschuiving te visualiseren: het zwaardere gewicht rek het elastiek meer, symbolisch voor de rekking van de golflengte van licht.
- Bouw een model van een dubbelstersysteem met objecten van verschillende gewichten en observeer hun beweging rond het gemeenschappelijke zwaartepunt om de effecten van graviteit op sterrenbanen te begrijpen.
- Simuleer het effect van gravitatielenzen door een glazen bol voor een lichtbron te houden en de vervorming van het licht te observeren.
- Onderzoek de geschiedenis van de ontdekking van gravitatiegolven en maak een tijdlijn van de belangrijkste mijlpalen.
- Volg de actuele onderzoeksresultaten over gravitatiegolven en probeer de betekenis van de nieuwste ontdekkingen voor het begrip van de ruimtetijd te vatten.
- Discuteer met anderen over de filosofische implicaties van de kromming van de ruimtetijd en de grenzen van ons begrip van het universum.
- Ontwikkel een eigen analogie om de complexe concepten van ruimtetijd en astrofysische fenomenen begrijpelijk uit te leggen.
- Maak een artistiek project dat jouw interpretatie van de ruimtetijd en astrofysische fenomenen tot uitdrukking brengt.
- Reflecteer op de interactie van ruimte, tijd en graviteit en hoe deze ons begrip van het universum vormt.

4. 2 Kosmische straling

Kosmische straling, hoogenergetische deeltjes uit de ruimte, stelt de astronomie voor uitdagingen en biedt tegelijkertijd unieke inzichten in het universum. Het lokaliseren van hun bronnen vereist verfijnde methoden zoals Cherenkov-telescopen, die het Cherenkov-licht detecteren dat ontstaat door de interactie van de deeltjes met de aardatmosfeer. Tegelijkertijd beïnvloedt de kosmische achtergrondstraling de metingen en moet deze bij de analyse in overweging worden genomen. Het meten van de deeltjesstromen en hun energieverdeling levert verdere informatie op over de oorsprong en de fysische processen die deze straling genereren. Duik in de fascinerende wereld van kosmische straling en ontdek de geheimen van zijn ontstaan en verspreiding.

De precieze kennis van de achtergrondstraling is cruciaal om de ware eigenschappen van extragalactische stralingsbronnen te bepalen, aangezien het als een kosmische nevel het zicht op deze bronnen beïnvloedt.

Stralingsbronnen lokaliseren

De lokalisatie van stralingsbronnen in het universum is een complexe taak die verschillende methoden vereist, afhankelijk van het type straling en de afstand van de bron. Bij het zoeken naar hoogenergetische stralingsbronnen, zoals de bronnen van kosmische straling, spelen Cherenkov-telescopen een cruciale rol. Deze telescopen detecteren niet de straling zelf, maar het zogenaamde Cherenkov-licht, dat ontstaat wanneer hoogenergetische deeltjes uit het universum de aardatmosfeer binnendringen en daar met de lichtsnelheid interageren. De richting en intensiteit van dit licht stellen ons in staat om conclusies te trekken over de oorsprong van de oorspronkelijke deeltjes. [s26]

Een belangrijke factor bij de lokalisatie van extragalactische stralingsbronnen is het in overweging nemen van de achtergrondstraling. Deze straling, voornamelijk in het optische en infrarode spectrum, beïnvloedt de verspreiding van hoogenergetische fotonen. Zoals nevelen het zicht op verre objecten belemmeren, kan ook de achtergrondstraling de hoogenergetische fotonen op hun weg naar de aarde absorberen. Dit effect wordt opaciteit genoemd en moet worden meegenomen bij de analyse van spectrale gegevens om de werkelijke energie en oorsprong van de straling correct te bepalen. [s26] Een bron kan zwakker lijken dan ze in werkelijkheid is, omdat een deel van haar straling onderweg naar ons verloren is gegaan. Kennis van de achtergrondstraling stelt ons in staat om dit effect te corrigeren en de werkelijke helderheid van de bron te reconstrueren. De analyse van de achtergrondstraling zelf levert ook waardevolle informatie op over de structuur van het universum. Studies hebben

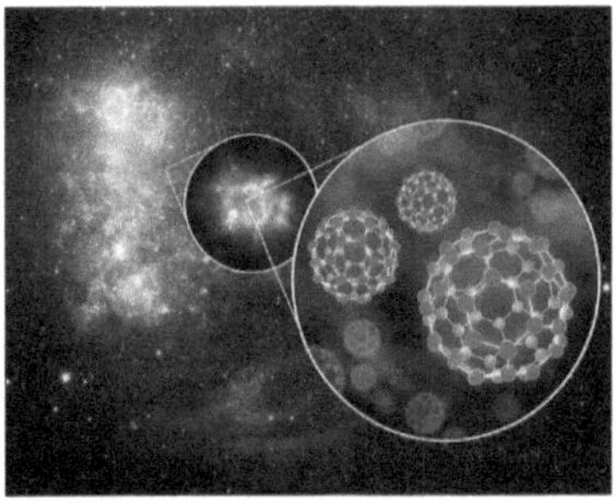

Extragalactische stralingsbron
[i64]

aangetoond dat de waargenomen achtergrondstraling in wezen afkomstig is van al bekende sterrenstelsels. [s26] Dit betekent dat er tot nu toe geen aanwijzingen zijn voor significante hoeveelheden diffuse achtergrondstraling uit onbekende bronnen. Deze bevinding vereenvoudigt de zoektocht naar en lokalisatie van hoogenergetische stralingsbronnen, omdat de effecten van de achtergrondstraling op de verspreiding van de straling beter gemodelleerd en gecorrigeerd kunnen worden. De precieze kennis van de achtergrondstraling is dus niet alleen belangrijk voor de lokalisatie van individuele bronnen, maar ook voor het begrip van de grootschalige structuur van het universum en de verdeling van sterrenstelsels. Door observaties met Cherenkov-telescopen te combineren met de analyse van de achtergrondstraling, kunnen astronomen de positie en eigenschappen van extragalactische stralingsbronnen steeds nauwkeuriger bepalen en zo een completer beeld van het hoogenergetische universum schetsen. De correctie van de opaciteitseffecten maakt het mogelijk om de intrinsieke spectra van de bronnen te reconstrueren en zo hun fysieke eigenschappen beter te begrijpen. Zoals bij een onscherpe foto die door software wordt verscherpt, kunnen astronomen zo een duidelijker beeld van de verre stralingsbronnen verkrijgen.

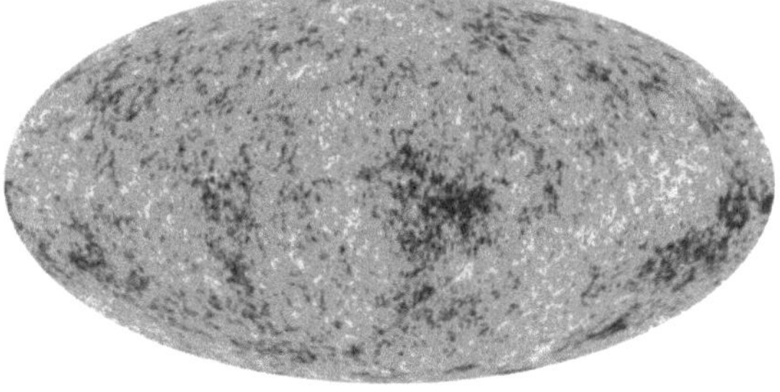

achtergrondstraling [i65]

Tsjerenkovstraling [i66]

Goed om te weten

Achtergrondstraling

De alomtegenwoordige straling in het universum, afkomstig van verschillende bronnen en die de observatie van verre objecten kan beïnvloeden.

Cherenkov-licht

Een blauwachtige gloed die ontstaat wanneer geladen deeltjes zich sneller dan de lichtsnelheid in een medium (bijv. de aardatmosfeer) bewegen. Het wordt gebruikt om de richting en energie van hoogenergetische deeltjes uit het universum te bepalen.

Cherenkov-telescoop

Een speciaal telescoop dat het Cherenkov-licht detecteert om indirect hoogenergetische deeltjes uit het universum te observeren en hun oorsprong te bepalen.

Extragalactisch

Verwijst naar objecten of fenomenen die zich buiten onze melkweg bevinden.

Intrinsiek

Verwijst naar de werkelijke, onvervalste eigenschappen van een object, in tegenstelling tot de waargenomen eigenschappen die door externe invloeden kunnen zijn veranderd.

Spectrale gegevens

Informatie over de intensiteit van de straling bij verschillende golflengten (kleuren), die inzicht geven in de samenstelling en eigenschappen van de stralingsbron.

Vergelijking van de intensiteit van kosmische straling

Relatieve intensiteit van verschillende bronnen van kosmische straling

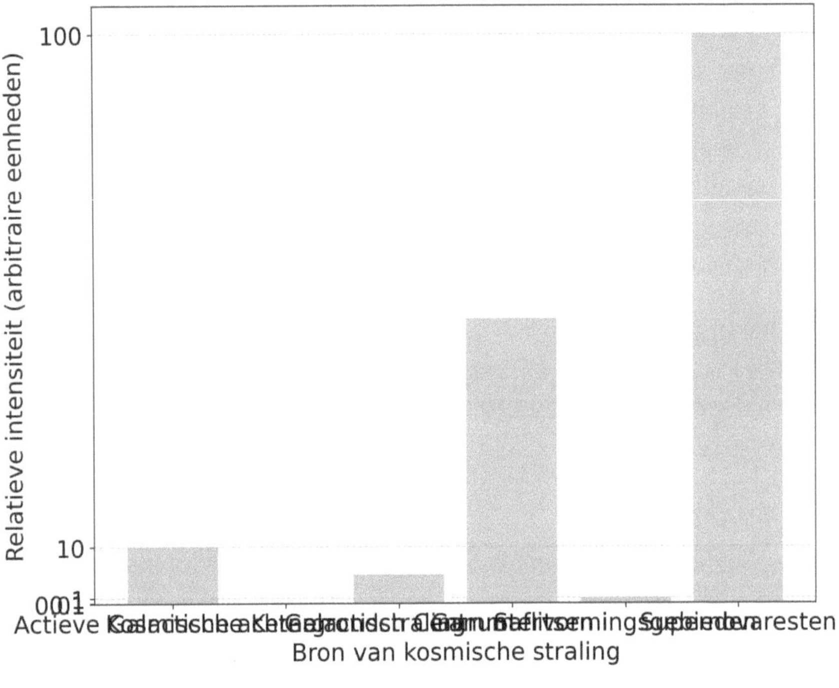

AGN: Actieve Galactische Kernen

CBR: Kosmische achtergrondstraling

GC: Galactisch Centrum

GRB: Gammaflitsen

SFR: Stervormingsgebieden

SNR: Supernovaresten

De grafiek benadrukt het significante verschil in intensiteit van kosmische straling van verschillende bronnen. Supernovaresten blijken de meest intense bron te zijn van de vermelde bronnen, terwijl zonnevlammen, hoewel krachtig, een relatief kleinere hoeveelheid bijdragen. De diffuse achtergrondstraling vertegenwoordigt een constant, maar minder intens, bombardement van kosmische straling.

Energiepatronen herkennen

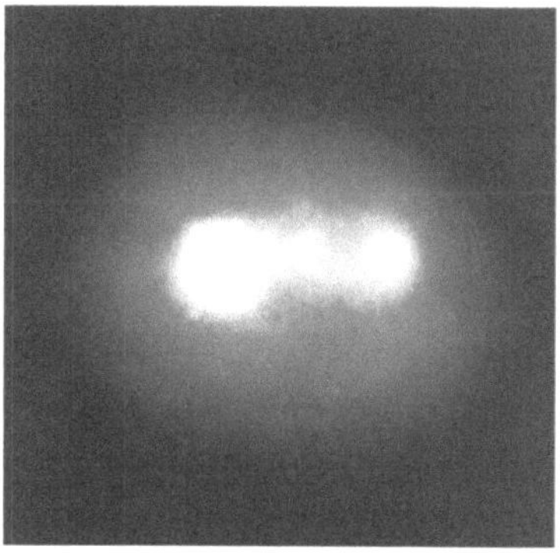

Actieve galactische kern [i67]

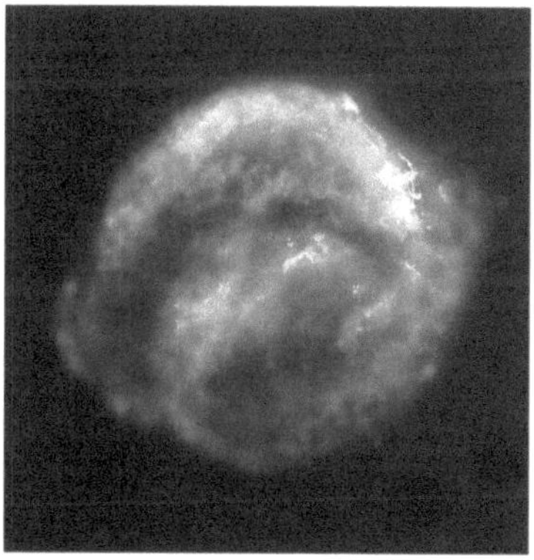

Supernova [i68]

Het herkennen van energiepatronen in de kosmische straling biedt waardevolle inzichten in de processen in het universum. De analyse van de energieverdeling – dat wil zeggen, welke verhouding van deeltjes van welke energie voorkomt – maakt het mogelijk om conclusies te trekken over de aard van de bron en de mechanismen die leiden tot de versnelling van de deeltjes. Zo vertonen bijvoorbeeld supernova-explosies kenmerkende energiespectra die verschillen van die van actieve galactische kernen. De energie van de kosmische straling strekt zich uit over een enorm breed scala, van radiogolven tot extreem hoge energieën die miljoenen keren hoger zijn dan die in aardse deeltjesversnellers. Deze verdeling is niet gelijkmatig, maar vertoont bepaalde structuren die wijzen op verschillende ontstaanmechanismen. Een belangrijk aspect is de identificatie van pieken of ophopingen in bepaalde energiebereiken. Deze kunnen wijzen op de aanwezigheid van specifieke deeltjessoorten of op resonante processen bij de versnelling. Net als een vingerafdruk kunnen deze energiepatronen worden gebruikt om verschillende bronnen van kosmische straling te identificeren en te classificeren. De nauwkeurige meting van deze patronen vereist uiterst gevoelige detectoren en verfijnde analysemethoden. Door gegevens van verschillende telescopen en detectoren te combineren, kan een uitgebreider beeld van de energieverdeling worden verkregen. De temporele verandering van de energiepatronen is ook van groot belang. Zo kunnen bijvoorbeeld plotselinge uitbarstingen van gammastraling gepaard gaan met kenmerkende energieverdelingen die wijzen op de vorming van een zwart gat of een gammastraalflits. De continue monitoring van het energiespectrum maakt het mogelijk om dergelijke transiënte gebeurtenissen te identificeren en hun eigenschappen te bestuderen. Door de analyse van de temporele ontwikkeling van de energieverdeling kunnen conclusies worden getrokken over de dynamiek van de onderliggende processen. De interactie van de kosmische straling met interstellair gas en stof beïnvloedt ook de waargenomen energiepatronen. Energierijke deeltjes kunnen bij het doorkruisen van het interstellaire medium energie verliezen, wat leidt tot een verandering van het spectrum. Dit effect moet in aanmerking worden genomen bij de interpretatie van de gegevens om de oorspronkelijke eigenschappen van de straling te reconstrueren. Zo kan de verzwakking van de straling in bepaalde energiebereiken inzicht geven in de dichtheid en samenstelling van het interstellaire medium. Het onderzoek naar de energiepatronen van de kosmische straling is dus niet alleen relevant voor het begrijpen van de bronnen zelf, maar ook voor de verkenning van de interstellaire en intergalactische ruimte. De ontwikkeling van nieuwe detectiemethoden en analysemethoden speelt een cruciale rol in de vooruitgang op dit onderzoeksgebied. Verbeterde energie-resolutie en grotere detectieoppervlakken maken het mogelijk om steeds fijnere structuren in het energiespectrum te identificeren en de eigenschappen van de kosmische straling met grotere nauwkeurigheid te bepalen. Zo draagt het onderzoek naar de energiepatronen van de kosmische straling bij aan een beter begrip van de fundamentele processen in het universum en biedt het nieuwe inzichten in de vorming en ontwikkeling van sterren, sterrenstelsels en andere kosmische objecten.

De analyse van de hoekenverdeling van de binnenkomende straling in combinatie met de energie-informatie maakt het mogelijk om anisotrope structuren te identificeren, dat wil zeggen richtingen waaruit meer straling van bepaalde energieën komt. Deze anisotropieën kunnen aanwijzingen geven over nabijgelegen bronnen of over de structuur van het galactische magnetisch veld, dat de banen van geladen deeltjes beïnvloedt. Door deze anisotropieën in kaart te brengen, kan een driedimensionaal beeld van de verdeling van de kosmische straling in de ruimte worden gecreëerd.

Goed om te weten

Actieve galactische kern

Een actieve galactische kern is een extreem energierijk centrum van een sterrenstelsel, aangedreven door een superzwaar zwart gat. Deze kernen kunnen sterke jets uitstoten die deeltjes versnellen en bijdragen aan de kosmische straling.

Galactisch magnetisch veld

Het galactische magnetisch veld is een magnetisch veld dat het hele sterrenstelsel doordringt. Het beïnvloedt de beweging van geladen deeltjes van de kosmische straling.

Intergalactische ruimte

De intergalactische ruimte is de ruimte tussen de sterrenstelsels. Het is aanzienlijk leger dan het interstellaire medium, maar bevat toch kleine hoeveelheden gas en stof. Ook hier kan de kosmische straling met materie interageren.

Interstellair medium

Het interstellaire medium is de ruimte tussen de sterren in een sterrenstelsel. Het bestaat uit gas en stof. De kosmische straling interageert met dit medium, wat de energieverdeling beïnvloedt.

Supernova

Een supernova is de explosie van een ster aan het einde van zijn levenscyclus. Hierbij komt een enorme hoeveelheid energie vrij en worden deeltjes versneld tot hoge snelheden, wat bijdraagt aan de kosmische straling.

Kosmische stralingsintensiteit

Vergelijking van de intensiteit van verschillende kosmische stralingen.

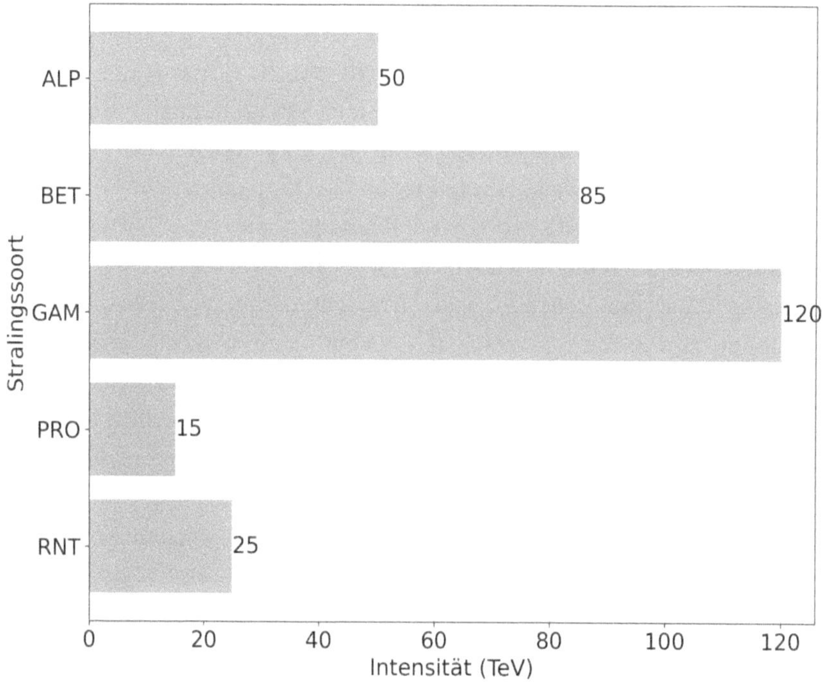

ALP: Alfstraling

BET: Bètastraling

GAM: Gammastraling

PRO: Protonen

RNT: Röntgenstraling

Het horizontale staafdiagram visualiseert de verschillende intensiteiten van verschillende soorten kosmische straling. Hoog-energetische gammastraling vertoont de hoogste intensiteit, gevolgd door protonen. Alfa- en bètastraling laten aanzienlijk lagere intensiteiten zien. Dit illustreert de dominantie van bepaalde soorten straling in het kosmisch spectrum.

Deeltjesstromen meten

De kwantificering van de deeltjesstromen, oftewel de meting van het aantal deeltjes dat een bepaald gebied per tijdseenheid doorkruist, is essentieel voor het begrip van astrofysische fenomenen. Verschillende soorten detectoren worden gebruikt, elk met specifieke sterkte- en zwaktepunten. Scintillatietellers registreren bijvoorbeeld de lichtflitsen die ontstaan wanneer een deeltje met het scintillatiemateriaal interageert. Halfgeleiderdetectoren meten de lading die door ioniserende straling in het halfgeleider materiaal wordt opgewekt. Deze detectoren verschillen in hun gevoeligheid voor verschillende soorten deeltjes en energiegebieden. Neutronendetectoren zijn bijvoorbeeld speciaal geschikt voor het meten van neutronenstromen, terwijl andere detectoren zijn gespecialiseerd in geladen deeltjes zoals protonen of elektronen. De keuze van de juiste detector hangt af van de specifieke onderzoeksvraag. Wil men bijvoorbeeld de hoogenergetische component van de kosmische straling onderzoeken, dan worden andere detectoren gebruikt dan bij de analyse van de zonnewind. [s27] De positionering van de detectoren beïnvloedt de meetresultaten aanzienlijk. Aardse meetstations registreren alleen deeltjes die de atmosfeer kunnen doordringen. Ballonexperimenten en ruimtegebaseerde observatoria maken metingen boven de atmosfeer mogelijk en leveren zo gegevens over deeltjes die anders zouden worden geabsorbeerd. Een voorbeeld is een multi-satellietconstellatie die gegevens verzamelt over elektronen- en protonenstromen in de stralingsgordel van de aarde. [s27] De verdeling van de satellieten binnen de constellatie maakt een driedimensionale reconstructie van de deeltjesstromen mogelijk en levert zo een gedetailleerd beeld van de stralingsomstandigheden in de nabijheid van de aarde. De gegevens van dergelijke missies zijn niet alleen relevant voor fundamenteel onderzoek, maar ook voor de bescherming van satellieten en astronauten tegen stralingsschade. Naast het aantal deeltjes is ook hun energieverdeling van belang. Energiesensitieve detectoren leveren informatie over het energiespectrum van de deeltjesstromen. Deze gegevens maken conclusies mogelijk over de versnellingmechanismen van de deeltjes en de eigenschappen van hun bronnen. De combinatie van gegevens van verschillende detectoren, die op verschillende energiegebieden zijn gespecialiseerd, breidt het waarneembare energiespectrum uit en maakt een uitgebreider beeld van de deeltjesstromen mogelijk. De analyse van de temporele variabiliteit van de deeltjesstromen levert verdere belangrijke inzichten. Korte termijn schommelingen in de deeltjesstroom kunnen wijzen op zonne-uitbarstingen of andere dynamische processen. Continue monitoring van de deeltjesstromen is daarom essentieel om deze gebeurtenissen vast te leggen en hun effecten op de nabijheid van de aarde te onderzoeken. De verkregen gegevens dienen niet alleen voor het begrip van astrofysische fenomenen, maar ook voor de ontwikkeling van voorspellingsmodellen voor het ruimteweer, die essentieel zijn voor de bescherming van satellieten en de infrastructuur op aarde.

Goed om te weten

Astrofysische fenomenen

Gebeurtenissen en processen in het universum die door fysieke wetten kunnen worden beschreven, zoals supernova-explosies of de vorming van sterren.

Ballonexperimenten

Onderzoeksvluchten met ballonnen die meetinstrumenten naar de bovenste atmosfeer of de nabijheid van de ruimte transporteren om gegevens te verzamelen die vanaf de aarde niet toegankelijk zouden zijn.

Halfgeleiderdetectoren

Detectoren die de elektrische lading meten die ontstaat door de interactie van deeltjes met een halfgeleider materiaal. Ze leveren nauwkeurige informatie over de energie van de deeltjes.

Ruimtegebaseerde observatoria

Telescopen en andere meetinstrumenten die in de ruimte zijn gepositioneerd om ongestoorde observaties van het universum mogelijk te maken.

Scintillatietellers

Meetinstrumenten die de kleine lichtflitsen registreren die ontstaan wanneer energierijke deeltjes op bepaalde materialen stuiten. Deze lichtflitsen geven inzicht in de energie en het aantal deeltjes.

Samenstelling Kosmische Straling

Verdeling van kosmische stralingsdeeltjes.

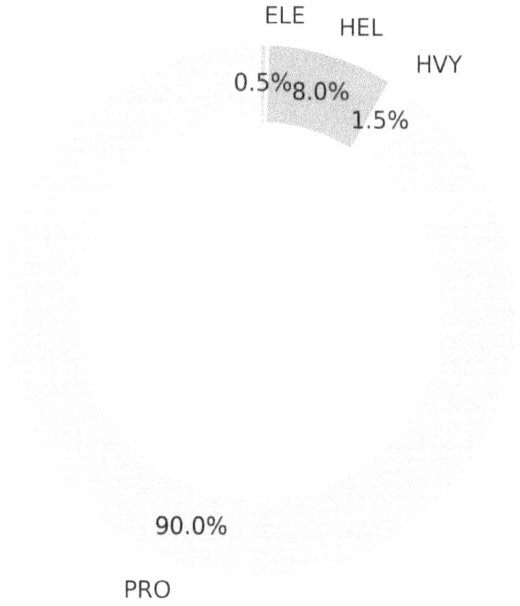

ELE: Elektronen
HEL: Heliumkernen (Alfapartikels)
HVY: Zwaardere kernen (Li, Be, B, C, N, O, etc.)
PRO: Protonen

Protonen domineren de samenstelling van kosmische straling, wat hun belang in hoogenergetische astrofysische processen benadrukt. De aanwezigheid van heliumkernen wijst op bijdragen van stellaire nucleosynthese. De kleinere percentages van zwaardere kernen en elektronen suggereren diverse oorsprong, waaronder supernova-explosies en andere energetische gebeurtenissen. Verder onderzoek naar deze minder voorkomende componenten kan waardevolle inzichten opleveren in de extreme omgevingen waar kosmische straling wordt geproduceerd.

Concrete adviezen

- Ontwikkel een artistiek project dat de energie van kosmische straling visualiseert door middel van muziek, schilderkunst of dans.
- Bouw een detector voor kosmische straling met eenvoudige materialen en meet de fluctuaties van de straling over een bepaalde periode.
- Maak een simulatie van de verspreiding van kosmische straling door de Melkweg en visualiseer de interactie met magnetische velden.
- Vergelijk de energieverdeling van kosmische straling uit verschillende hemelrichtingen en zoek naar asymmetrieën.
- Ontwerp een concept voor een toekomstige ruimtesonde die de bronnen van kosmische straling in de intergalactische ruimte moet verkennen.
- Onderzoek de effecten van kosmische straling op biologische systemen en presenteer uw bevindingen in een lezing.
- Discuteer met anderen over de mogelijke gevaren en kansen die voortkomen uit hoogenergetische kosmische straling.
- Schrijf een sciencefictionverhaal waarin kosmische straling een centrale rol speelt.
- Ontwikkel een bordspel dat de oorsprong en verspreiding van kosmische straling op een speelse manier overbrengt.
- Organiseer een openbare gebeurtenis om de bevolking te informeren over het fenomeen van kosmische straling.
- Reflecteer op de betekenis van kosmische straling voor de oorsprong en ontwikkeling van het universum.
- Maak een tijdlijn van de belangrijkste ontdekkingen op het gebied van kosmische straling.

4. 3 Universumstructuren

Universumstructuren bevatten de grootste raadsels van de astrofysica: Donkere materie, onzichtbaar maar gravitief werkzaam, vormt sterrenstelsels en sterrenstelselsclusters. Haar onderzoek via rotatiecurven, gravitatielenseffecten en sterrenstelselbewegingen levert indirecte aanwijzingen voor haar bestaan en verdeling. Parallelle universa, buiten directe observatie, ontstaan uit theorieën zoals snaartheorie, kwantummechanica en inflatietheorie. Deze concepten dagen ons begrip van ruimte, tijd en realiteit uit en leiden tot fundamentele vragen over de structuur van het heelal. Zouden we op een dag indirecte bewijzen voor hun bestaan kunnen vinden? Dompel jezelf onder in de fascinerende wereld van structuren voorbij het zichtbare.

De graviteit fungeert als een hulpmiddel om onzichtbare structuren van het universum, zoals donkere materie, aan het licht te brengen door hun invloed op zichtbare materie en licht te onthullen.

Donkere Materie aantonen

Donkere materie kan niet direct worden waargenomen, omdat het geen licht absorbeert of uitzendt. De detectie ervan gebeurt alleen indirect via de gravitatieve invloed op zichtbare materie. Een van de belangrijkste methoden is de observatie van de rotatiecurven van sterrenstelsels. Sterren aan de randen van spiraalstelsels draaien sneller dan verwacht op basis van de wetten van de newtoniaanse graviteit, toegepast op de zichtbare massa. Deze discrepantie kan worden verklaard door de aanwezigheid van een halos van donkere materie die het sterrenstelsel omringt en wiens extra gravitatiekracht de sterren versnelt. Een hobby-astronoom die de rotatiesnelheden van sterren in een ver sterrenstelsel meet, zou deze verhoogde waarden opmerken en zo indirect de donkere materie "zien". Een andere aanwijzing komt van het gravitational lensing effect. Massieve objecten, zoals galaxienhaufen, vervormen de ruimte door hun graviteit en buigen het licht van achterliggende objecten, vergelijkbaar met een lens. De sterkte van deze afbuiging is groter dan verwacht op basis van de zichtbare massa, wat wijst op de aanwezigheid van donkere materie in de galaxieclusters. Ook hier wordt graviteit gebruikt als een hulpmiddel om het onzichtbare zichtbaar te maken. De beweging van sterrenstelsels binnen galaxieclusters biedt een derde benadering. De snelheden waarmee sterrenstelsels zich in een cluster bewegen, zijn zo hoog dat de cluster zonder de extra gravitatieve invloed van de donkere materie uit elkaar zou vallen. De massa die nodig is om de sterrenstelsels bij elkaar te houden, overschrijdt de zichtbare massa met een factor. Naast deze astronomische observaties zijn er ook experimenten die proberen donkere materie direct aan te tonen. Deze experimenten zijn gebaseerd op de veronderstelling dat donkere materie bestaat uit weakly interacting massive particles (WIMPs), die slechts zwak interageren met normale materie, maar af en toe met atoomkernen kunnen botsen. Detectors diep onder de grond, afgeschermd van kosmische straling, zoeken naar de kleine hoeveelheden energie die vrijkomen bij dergelijke botsingen. Tot nu toe hebben deze experimenten echter nog geen duidelijke signalen van donkere materie kunnen leveren. De zoektocht naar de deeltjes waaruit de donkere materie bestaat, is een actief onderzoeksgebied en zou ons begrip van het universum fundamenteel kunnen veranderen. De verdeling van donkere materie in het universum kan onder andere worden onderzocht door de analyse van de kosmische microgolfachtergrond (CMB). De CMB is de reststraling van de oerknal en bevat informatie over de vroege toestand van het universum. Kleine temperatuurvariaties in de CMB geven inzicht in de dichtheidsverdeling van materie in het vroege universum, inclusief de donkere materie. Deze gegevens bieden belangrijke aanwijzingen voor de vorming van structuren in het universum en bevestigen de dominante rol van donkere materie in dit proces. Door de CMB nauwkeurig te meten, kunnen modellen voor de vorming van sterrenstelsels en sterrenstelselsclusters worden getest en verfijnd. Het in kaart brengen van deze temperatuurvariaties is vergelijkbaar met het maken van een archeologische kaart van het vroege universum en maakt het mogelijk om de verdeling van donkere materie te reconstrueren. De zoektocht naar donkere materie is een van de grootste uitdagingen van de moderne astrofysica en kosmologie. De combinatie van verschillende methoden, van astronomische observaties tot laboratoriumexperimenten, is cruciaal om de aard van deze mysterieuze substantie te ontrafelen en haar invloed op de structuur en ontwikkeling van het universum te begrijpen. Het onderzoek naar donkere materie is een doorlopend proces dat ons begrip van het heelal voortdurend uitbreidt. Toekomstig onderzoek zal zich onder andere richten op verbeterde detectors en nieuwe experimentele benaderingen om de eigenschappen van donkere materie nauwkeuriger te bepalen en haar samenstelling te onthullen. Het ontrafelen van dit raadsel zou ons wereldbeeld kunnen revolutioneren en nieuwe inzichten in de fundamentele wetten van de fysica kunnen bieden.

Zwaartekrachtlenseffect

Gesimuleerd zwaartekrachtlenseffect van donkere materie op licht.

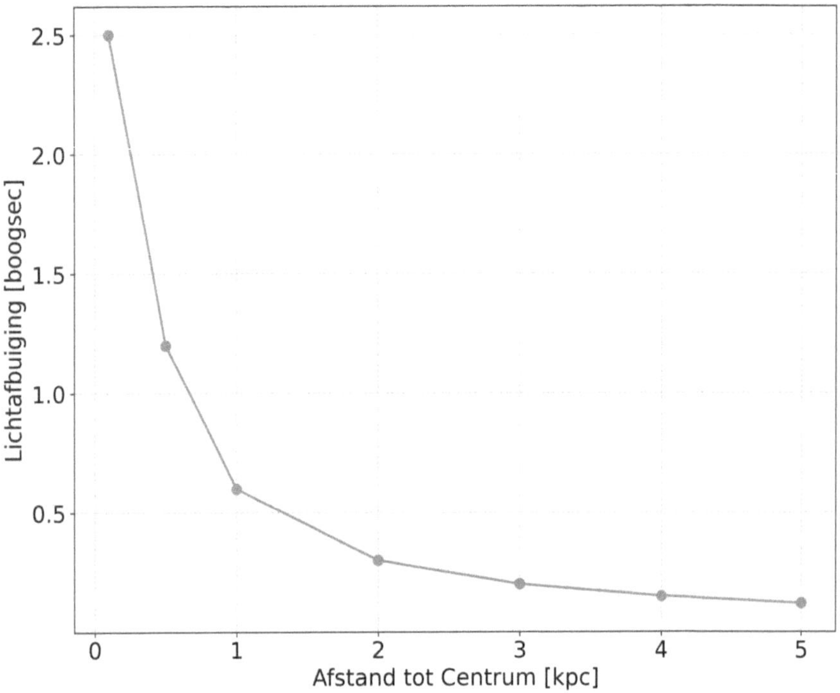

De grafiek illustreert hoe de voorspelde lichtafbuiging toeneemt met de nabijheid van een gesimuleerde halo van donkere materie. De steile curve nabij het centrum duidt op een sterke zwaartekrachtinvloed, wat suggereert dat er een geconcentreerde massaverdeling is die typisch is voor halo's van donkere materie. Dit lenseffect, hoewel overdreven voor illustratieve doeleinden, is een belangrijke methode die wordt gebruikt om de aanwezigheid en verdeling van donkere materie af te leiden.

Theoretisch paralleluniversums vastleggen

Paralleluniversums bewegen zich buiten directe observatie en ontsnappen daarmee aan de traditionele methoden van de astronomie. Hun theoretische vastlegging is gebaseerd op verschillende fysieke modellen die verder gaan dan ons bekende universum. Een dergelijke benadering is de Stringtheorie, die kleine, vibrerende snaren postuleert als fundamentele bouwstenen van materie. Deze theorie vereist extra ruimtelijke dimensies die – zo de hypothese – een verscheidenheid aan universums zouden kunnen herbergen, elk met eigen fysieke wetten en constanten. Een andere benadering komt voort uit de kwantummechanica, die het gedrag van materie op subatomair niveau beschrijft. Hier leidt het concept van de "Veel-werelden-interpretatie" tot de gedachte dat bij elke kwantummechanische meting het universum zich in meerdere paralleluniversums splitst, waarin elk een mogelijke meetuitkomst wordt gerealiseerd. Zelfs de eenvoudige beslissing om koffie of thee te drinken, zou in talloze paralleluniversums tot verschillende uitkomsten kunnen leiden. De inflationstheorie, die een extreem snelle expansie van het universum in de vroege fase postuleert, biedt een ander perspectief. Volgens deze theorie zouden "bellen" in dit inflatoire proces kunnen ontstaan, die zich ontwikkelen tot aparte universums, die op hun beurt deel uitmaken van een groter multiversum. De eigenschappen van deze universums, zoals de sterkte van de fundamentele krachten of de massa's van elementaire deeltjes, kunnen sterk variëren. Kosmologische modellen die zijn gebaseerd op de allgemeinen_relativitaetstheorie bieden ook de mogelijkheid van paralleluniversums. Zo zouden wormgaten, hypothetische tunnels door de ruimte-tijd, verbindingen met andere universums kunnen maken. Ook het idee van een cyclisch universum, dat steeds weer expandeert en inkrimpt, impliceert het bestaan van paralleluniversums die in eerdere of toekomstige cycli bestaan. Hoewel het bestaan van paralleluniversums tot nu toe puur hypothetisch is, bieden deze concepten denkrichtingen voor de fundamentele structuur van de realiteit en de grenzen van onze kennis. De verkenning van deze ideeën, zowel theoretisch als door het zoeken naar indirecte aanwijzingen, zou ons begrip van het heelal fundamenteel kunnen veranderen. Toekomstige metingen van de kosmische achtergrondstraling zouden subtiele anomalieën kunnen onthullen die wijzen op interactie met andere universums. Het zoeken naar dergelijke sporen is een langdurige onderneming die nieuwe technologieën en innovatieve meetmethoden vereist. De theoretische beschouwing van paralleluniversums stimuleert de ontwikkeling van nieuwe fysieke modellen en breidt de grenzen van onze verbeelding over de natuur van het universum uit.

Cyclisch Universum

Een cyclisch universum is een kosmologisch model waarin het universum in een eeuwige cyclus van expansie en contractie bestaat. Elke cyclus zou de ontstaan van nieuwe paralleluniversums kunnen betekenen.

Inflationstheorie

De inflationstheorie beschrijft een fase van extreem snelle expansie van het vroege universum. Het suggereert de ontstaan van aparte universums, een multiversum.

Kosmische Achtergrondstraling

De kosmische achtergrondstraling is een microgolfstraling die afkomstig is uit de vroege tijd van het universum. Het zou aanwijzingen kunnen bevatten voor het bestaan van andere universums.

Kwantummechanica

De kwantummechanica beschrijft het gedrag van materie op subatomair niveau. Het biedt verschillende interpretatiebenaderingen, waaronder de Veel-werelden-interpretatie, die het bestaan van paralleluniversums suggereert.

Veel-werelden-interpretatie

De Veel-werelden-interpretatie is een interpretatie van de kwantummechanica. Het stelt dat bij elke kwantummechanische meting het universum zich in meerdere paralleluniversums splitst, waarin alle mogelijke meetresultaten worden gerealiseerd.

Theoretische Universumstructuren

Verdeling van theoretische universumtypen.

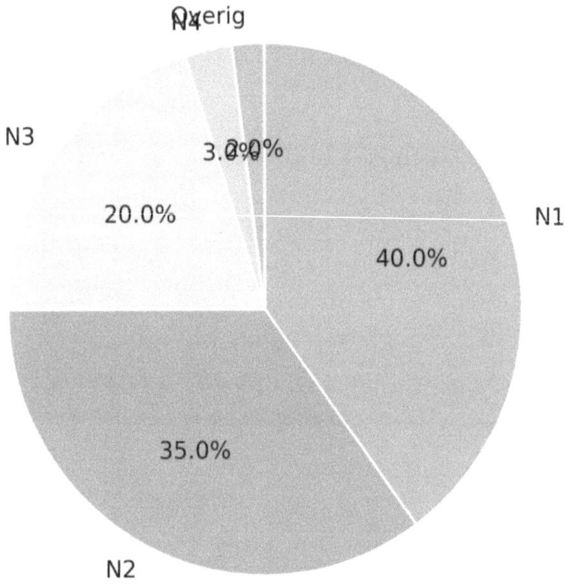

N1: Niveau 1: Gebieden voorbij onze kosmische horizon

N2: Niveau 2: Bubbeluniversums met verschillende fysische constanten

N3: Niveau 3: Veel-werelden interpretatie van de kwantummechanica

N4: Niveau 4: Ultiem ensemble, alle mogelijke wiskundige structuren

Overig: Overig/Niet-geclassificeerd

De meeste huidige theorieën richten zich op Niveau 1 en Niveau 2 multiverse concepten. Hoewel Niveau 3 een aanzienlijk deel vertegenwoordigt, suggereert het dat verder onderzoek op dit gebied nodig is. Niveaus 4 en hoger, die radicalere afwijkingen van ons huidige begrip vertegenwoordigen, worden momenteel minder onderzocht, wat aangeeft dat ze aan de rand van de theoretische fysica blijven.

Concrete adviezen

- Ontwikkel een eigen model van het kosmische netwerk door draden en knooppunten van wol of draad te gebruiken om de verdeling van donkere materie te visualiseren.
- Maak een serie tekeningen die de vorming van sterrenstelsels in clusters onder invloed van donkere materie in verschillende stadia weergeven.
- Vergelijk de verdeling van donkere materie in verschillende typen sterrenstelsels aan de hand van simulaties en zoek naar kenmerkende patronen.
- Ontwerp een gedachte-experiment dat de effecten van een veranderende dichtheid van donkere materie op de ontwikkeling van het universum onderzoekt.
- Ontwikkel een eigen computerprogramma dat de gravitatieve interactie van donkere materie met zichtbare materie simuleert.
- Maak een interactieve presentatie die de verschillende methoden voor het detecteren van donkere materie op een duidelijke manier uitlegt.
- Organiseer een discussie met andere hobby-astronomen over de open vragen in het onderzoek naar donkere materie.
- Schrijf een blogpost die de nieuwste inzichten over de aard van donkere materie begrijpelijk maakt voor een breed publiek.
- Ontwerp een kunstwerk dat jouw persoonlijke interpretatie van donkere materie en haar rol in het universum uitdrukt.
- Reflecteer op de grenzen van onze huidige kennis over donkere materie en de betekenis van deze onopgeloste vragen voor de kosmologie.
- Doe onderzoek naar de geschiedenis van het onderzoek naar donkere materie en maak een tijdlijn van de belangrijkste ontdekkingen en theorieën.

- Ontwikkel een spel dat de zoektocht naar donkere materie en de verkenning van structuren in het universum op een speelse manier overbrengt.

Terugblik - 4. Astrofysische fenomenen

Astrofysische verschijnselen fascineren door hun complexiteit en de immense schalen waarop ze zich afspelen. Van de dans van planeten om verre sterren tot de raadselachtige eigenschappen van donkere materie, ze bieden ons een blik op de fundamentele wetten van het universum. Toegang tot deze verschijnselen is echter niet alleen voorbehouden aan professionele astronomen. Ook hobbyastronomen kunnen met de juiste hulpmiddelen en methoden actief deelnemen aan het verkennen van het heelal en waardevolle inzichten verwerven.

Een eerste stap is om vertrouwd te raken met de basisconcepten van de zwaartekracht. Deze beïnvloedt de beweging van hemellichamen en is waarneembaar aan verschijnselen zoals de banen van planeten of de getijden. Met een eenvoudig pendulum kunt u zelf de versnelling van de aarde meten en zo de zwaartekracht aan den lijve ervaren. Geavanceerdere projecten kunnen het observeren van dubbelstersystemen en het berekenen van hun massa's omvatten. De uitdagingen liggen hier in de nauwkeurige meting van posities en snelheden, wat geduld en zorgvuldigheid vereist.

De verkenning van zwarte gaten, de meest exotische objecten in het universum, is ook toegankelijk voor hobbyastronomen. Hoewel u ze niet direct kunt zien, leveren hun effecten op de omgeving duidelijke aanwijzingen voor hun bestaan. De analyse van sterrenbanen in de nabijheid van vermoedelijke zwarte gaten of de evaluatie van openbaar beschikbare gegevens van zwaartekrachtgolven-observatoria biedt spannende mogelijkheden om aan de voorhoede van het onderzoek deel te nemen. De interpretatie van deze gegevens vereist echter een grondig begrip van de onderliggende fysica en kan een uitdaging zijn. Online bronnen en astronomieforums bieden waardevolle ondersteuning en de mogelijkheid om ervaringen uit te wisselen met ervaren amateurs.

De analyse van de materieverdeling in het universum en de zoektocht naar donkere materie zijn andere fascinerende onderzoeksgebieden. Door het observeren van sterrenstelsels en het bestuderen van het zwaartekrachtlens-effect kunt u indirect conclusies trekken over de verdeling van donkere materie. De evaluatie van gegevens van de kosmische microgolfachtergrond biedt een blik in de vroege tijd van het universum en maakt het mogelijk om de rol van donkere materie bij de vorming van structuren te onderzoeken. Toegang tot deze gegevens en hun interpretatie vereist echter speciale software en kennis, die met enige inzet kan worden verworven.

De verkenning van astrofysische verschijnselen is een voortdurend proces dat nieuwe ontdekkingen en inzichten oplevert. Ook als hobbyastronoom kunt u actief deelnemen aan dit proces en uw kennis over het universum uitbreiden. Met nieuwsgierigheid, geduld en de juiste hulpmiddelen openen zich ongekende mogelijkheden om de geheimen van het heelal te verkennen en de fascinatie van de astrofysica van dichtbij te ervaren. Stap binnen in de wereld van de wetenschap en laat u inspireren door de schoonheid en complexiteit van het universum!

5. Ruimtevaart en kosmos

Hebt u zich ooit afgevraagd hoe het voelt om de aarde van bovenaf te bekijken? Ruimtevaart heeft onze kijk op het heelal ingrijpend veranderd en maakt vandaag de dag nauwkeurige observaties van verre hemellichamen mogelijk. Van de eerste satellieten tot moderne ruimtestations documenteert dit hoofdstuk de technische mijlpalen van de ruimteonderzoek. De systematische kaartlegging van de ruimte helpt niet alleen bij navigatie, maar onthult ook tot nu toe onbekende kosmische fenomenen. Met elke dag in de ruimte groeit ons begrip van de geheimen van het universum - en roept tegelijkertijd nieuwe vragen op.

5. 1 Ruimtestations observeren

Ruimtestations zoals de ISS bieden fascinerende observatiemogelijkheden voor hobbyastronomen. De voorspelling van hun overvliegtijden met behulp van software en apps, gebaseerd op actuele baangegevens, is cruciaal voor het succes van de observatie. Hierbij vormen de nauwkeurige bepaling van de locatie, de inachtneming van atmosferische invloeden en de interpretatie van de berekende parameters zoals helderheid en elevatie een uitdaging. Het volgen van de bewegingsbanen in real-time maakt zelfs de geautomatiseerde uitlijning van telescopen mogelijk. Ontdek in dit hoofdstuk hoe u deze uitdagingen kunt overwinnen en indrukwekkende observaties kunt uitvoeren.

Voor succesvolle observaties van ruimtevaartstations zijn zowel nauwkeurige planning met gespecialiseerde apps als het in overweging nemen van omgevingsfactoren zoals weer en lichtvervuiling cruciaal.

Overvliegtijden berekenen

Om de overvliegtijden van het Internationaal Ruimtestation (ISS) of andere satellieten te bepalen, heeft u gespecialiseerde websites of apps nodig. Deze maken gebruik van baangegevens, die door de respectieve ruimtevaartagentschappen worden verstrekt. Invoergegevens zijn typisch uw locatie – of handmatig ingevoerd via lengte- en breedtegraad of automatisch bepaald via gps. Sommige tools staan ook de selectie van specifieke satellieten toe. De output van de berekeningen omvat doorgaans:
- Start- en eindtijd van zichtbaarheid
- Duur van de overvlucht
- Maximale hoogte boven de horizon (Elevatie)
- Hemelrichting van verschijnen en verdwijnen (Azimut)
- Helderheid (magnitude)

De helderheid geeft aan hoe goed de satelliet met het blote oog zichtbaar is. Negatieve waarden staan voor bijzonder heldere objecten. Een waarde van -3 komt ongeveer overeen met Venus, terwijl de ISS onder goede omstandigheden tot -4 kan bereiken. Een Iridium-flare, de kortstondige, intense flits van Iridium-satellieten, kan zelfs waarden van -8 bereiken en is daarmee helderder dan welke ster dan ook aan de nachtelijke hemel. De nauwkeurigheid van de voorspellingen hangt af van de actualiteit van de baangegevens. De baan van de ISS verandert bijvoorbeeld voortdurend door de atmosferische weerstand. Daarom zijn kortetermijnvoorspellingen (enkele dagen van tevoren) nauwkeuriger dan langetermijnvoorspellingen. Houd er ook rekening mee dat bewolking de zichtbaarheid aanzienlijk kan beïnvloeden. Controleer dus voor de observatie de weersvoorspelling. De meeste websites en apps bieden een grafische weergave van de overvlucht op een sterrenkaart. Deze toont de route van de satelliet over de hemel, zodat u deze gemakkelijker kunt volgen. Sommige programma's bieden ook meldingen via e-mail of pushbericht aan om u tijdig aan aankomende overvluchten te herinneren. Naast de ISS zijn er tal van andere satellieten die u kunt observeren. Dit omvat bijvoorbeeld het Chinese ruimtestation Tiangong, het Hubble-ruimtetelescoop en diverse aardobservatiesatellieten. Voor elke satelliet zijn er specifieke websites of apps die de overvliegtijden berekenen. De elevatie, oftewel de maximale hoogte van de satelliet boven de horizon, is een cruciale factor voor de zichtbaarheid. Een satelliet met een elevatie van 90 graden staat recht boven u (Zenit), terwijl een waarde van 0 graden betekent dat deze zich op de horizon bevindt. Hoe hoger de elevatie, hoe langer en beter de satelliet zichtbaar is. Een overvlucht met een maximale elevatie van slechts 10 graden zal waarschijnlijk achter bomen of gebouwen verdwijnen. Een waarde van 60 graden daarentegen biedt goede observatieomstandigheden. Om de ISS van andere hemelobjecten te onderscheiden, let op de snelheid en helderheid. De ISS beweegt relatief snel over de hemel – het duurt ongeveer 90 minuten om de aarde te omcirkelen. Het verschijnt als een heldere, bewegende stip zonder knipperlicht, in tegenstelling tot vliegtuigen. Als u niet zeker weet of u de ISS daadwerkelijk ziet, kunt u uw observatie vergelijken met de voorspelde overvliegtijden en de baan op de sterrenkaart. Zo verwerft u met de tijd ervaring en kunt u de ISS snel en veilig identificeren. Voor optimaal observatiesucces is een locatie weg van storende lichtbronnen, zoals straatlantaarns of verlichte gebouwen, aan te raden. Een donkere lucht verbetert de zichtbaarheid aanzienlijk.

Iridium flare [i69]

ISS Overvluchtduur

Zichtbare overvluchtduur op basis van de breedtegraad van de waarnemer.

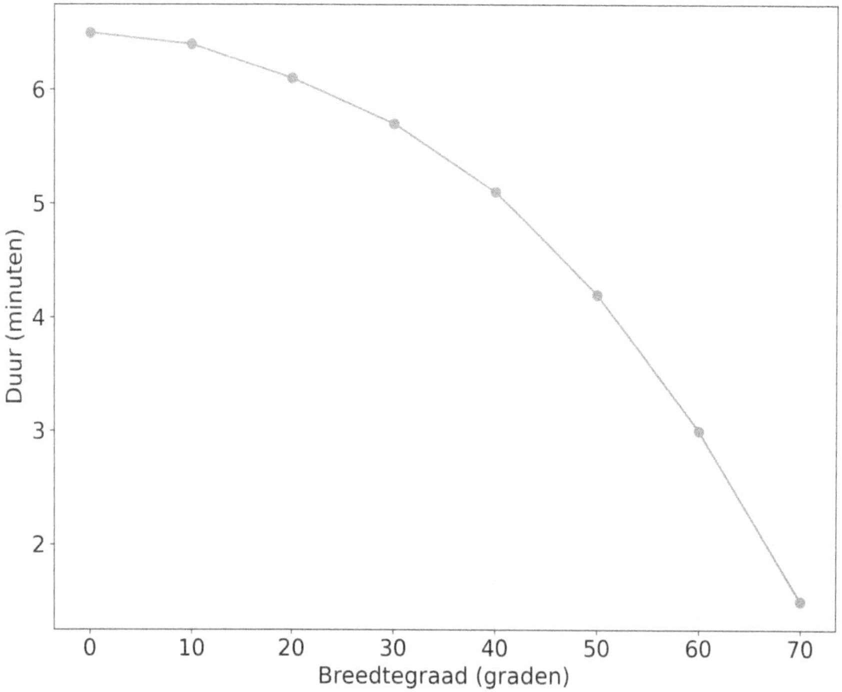

De grafiek laat zien dat waarnemers op hogere breedtegraden over het algemeen kortere overvluchttijden ervaren. Dit komt doordat de baan van het ISS een hoek maakt ten opzichte van de evenaar en daardoor minder lang zichtbaar is vanaf locaties verder van de evenaar.

Bewegingsbanen volgen

De nauwkeurige lokalisatie van satellieten en ruimtevaartstations vereist meer dan alleen de berekening van overvliegtijden. Het volgen van hun bewegingsbanen in real-time opent verdere mogelijkheden, zoals de geautomatiseerde uitlijning van observatie-instrumenten. Systemen voor real-time tracking maken gebruik van, zoals beschreven in bron [s28], sensoren voor positiebepaling en 3D-orientatie. Deze registreren niet alleen de eigen geografische locatie, maar ook de oriëntatie in de ruimte om de satellietenpositie aan de hemel nauwkeurig te bepalen. Een platform met sensoren en servomotoren regelt de uitlijning en verzendt de verzamelde gegevens voor verdere analyse en visualisatie naar een centraal platform. Zo kan onder andere de beweging van een telescoop nauwkeurig aan de baan van een satelliet worden gekoppeld. De selectie van geschikte observatielocaties en de overweging van fysieke effecten zijn verdere factoren voor een succesvolle baantracking. Zoals vermeld in [s29], zijn in Australië twee radarstations strategisch gepositioneerd om een optimale oost-westdekking voor satellietobservatie te bereiken. Net als bij de keuze van de observatieplaats voor de ISS, speelt hier ook de best mogelijke zichtlijn een cruciale rol. Bovendien beïnvloeden atmosferische omstandigheden en het Doppler-effect de ontvangen signalen en moeten deze worden meegenomen bij de berekening van de werkelijke satellietenpositie. De modellering van de satellietenconstellatie, de berekening van de signaalvertraging (latentie) en de frequentieverschuiving (Doppler-effect) zijn daarom essentieel voor een nauwkeurige baantracking. Daarnaast wordt, volgens [s29], onderzoek gedaan naar de integratie van AI-technieken om de voorspelling van satellietbewegingen en de compensatie van het Doppler-effect verder te optimaliseren. Deze onderzoeksresultaten zouden in de toekomst ook in particuliere tracking-systemen voor amateurastronomen kunnen worden toegepast. De combinatie van

nauwkeurige real-time lokalisatie met geavanceerde rekenmethoden en AI-ondersteunde voorspelling maakt dus een verbeterde tracking van satellieten en ruimtevaartstations mogelijk.

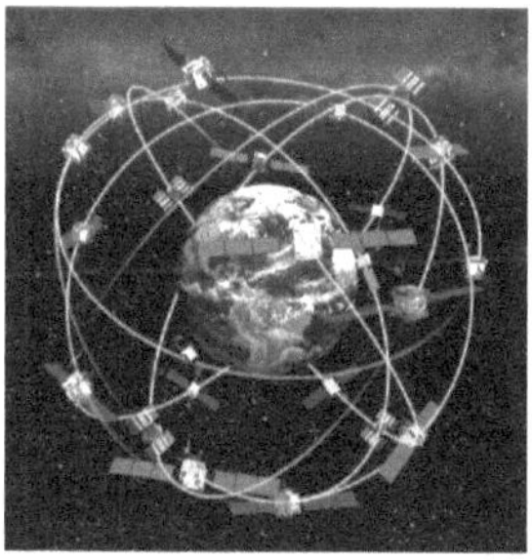

satellietconstellatie [i70]

Goed om te weten

Tracking-systeem

Systemen voor het volgen van objecten, in deze context voor het observeren van de baan van ruimtevaartstations. Ze maken vaak gebruik van sensoren en software om de positie en beweging van het object te bepalen.

Ruimtevaartstation

Bewoonbare kunstmatige structuren in de ruimte die dienen als basis voor wetenschappelijk onderzoek, aardobservatie en andere activiteiten.

Satellietenconstellatie

Een groep satellieten die samenwerken om een bepaalde functie te vervullen, bijvoorbeeld een wereldwijd navigatiesysteem of een communicatienetwerk.

Servomotor

Een speciale elektromotor die nauwkeurig kan worden aangestuurd om de positie van objecten, zoals een telescoop, in te stellen.

AI

Kunstmatige intelligentie (AI) is een deelgebied van de informatica dat zich bezighoudt met de ontwikkeling van intelligente systemen. Deze systemen zijn in staat om taken uit te voeren die normaal menselijke intelligentie vereisen, zoals leren, probleemoplossing en besluitvorming.

Volgen van Ruimtestations

Orbitale kenmerken van verschillende ruimtestations.

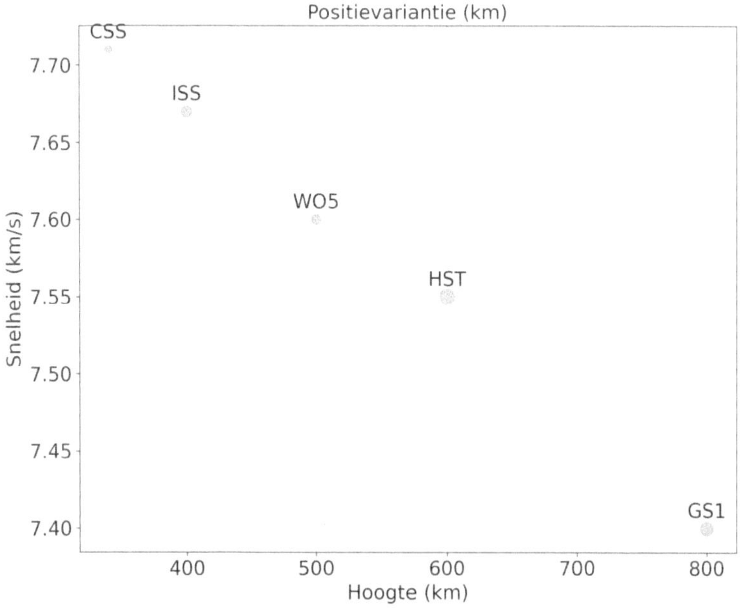

Blasengröße: Positievariantie (km)

CSS: Chinees Ruimtestation

GS1: Geosynchrone Satelliet 1

HST: Hubble Ruimtetelescoop

ISS: Internationaal Ruimtestation

WO5: Waarnemingssatelliet 5

Deze grafiek laat een correlatie zien tussen hoogte en omloopsnelheid. Stations op grotere hoogte vertonen over het algemeen lagere snelheden, consistent met de wetten van Kepler voor planetaire beweging. De bubbelgrootte geeft de positievariantie van het station aan, wat duidt op mogelijke invloeden van atmosferische weerstand of baancorrecties. Stations met een grotere positievariantie kunnen manoeuvres uitvoeren of aanzienlijke atmosferische effecten ondervinden.

Fotodocumentatie maken

De documentatie van ruimtevaartstationen-overvliegen met foto's vereist planning en de juiste uitrusting. Naast een camera met handmatige instellingen voor belichtingstijd, diafragma en ISO-waarde is een stabiel statief essentieel om onscherpe opnames te voorkomen. Een afstandsbediening minimaliseert bovendien trillingen. De keuze van de lens hangt af van de gewenste vergroting: telelenzen met brandpuntsafstanden van 200 mm of meer zijn geschikt om het ruimtevaartstation als een duidelijk object vast te leggen. Groothoeklenzen daarentegen vangen de hele overvlieging voor de sterrenhemel. Voor de overvlieging moet u de camera-instellingen aanpassen aan de lichtomstandigheden. Begin met een hoge ISO-gevoeligheid, een open diafragma (klein diafragmavalue, bijv. f/2.8 of f/4) en een korte belichtingstijd (bijv. 1/250 seconde). Test verschillende combinaties om de optimale balans tussen helderheid en scherpte te vinden. De juiste focus is cruciaal, aangezien het ruimtevaartstation zich snel beweegt. Gebruik de autofocus van uw camera of focus handmatig op een heldere ster in de buurt van de voorspelde baan en schakel vervolgens de autofocus uit. Tijdens de overvlieging volgt u het ruimtevaartstation continu met de camera. Gebruik hiervoor bij voorkeur een gemotoriseerde volgmechanisme, dat aan de berekende baan is gekoppeld. Zo blijft het ruimtevaartstation in het midden van het beeld en worden lange belichtingstijden mogelijk. Als er geen volgmechanisme beschikbaar is, vereist handmatige tracking oefening en een rustige hand. Maak serieopnames om de kans op een scherpe afbeelding te vergroten. Varieer daarbij de belichtingstijd om zowel het ruimtevaartstation zelf als zijn beweging als streep voor de sterrenhemel vast te leggen. Een belichtingstijd van enkele seconden resulteert in een zichtbare streep, terwijl kortere belichtingstijden het ruimtevaartstation als een punt vastleggen. Na de overvlieging kunt u de foto's bewerken met geschikte software. Het aanpassen van helderheid, contrast en

scherpte optimaliseert de weergave. Enkelbeelden kunnen worden samengevoegd tot een timelapse-video om de hele overvlieging dynamisch weer te geven. Door meerdere opnames in één afbeelding te overlappen, kunt u de beweging van het ruimtevaartstation als een streep visualiseren, terwijl de sterren als punten verschijnen. Documenteer uw opnames zorgvuldig met datum, tijd, locatie en camera-instellingen. Deze metadata vergemakkelijken de latere analyse en vergelijking met andere observaties. Zo ontstaat een uitgebreide fotodocumentatie die uw observaties van het ruimtevaartstation vastlegt en uw vooruitgang in astrofotografie verduidelijkt. Een goed gedocumenteerd fotoarchief stelt u ook in staat om uw technieken te verfijnen en de kwaliteit van uw toekomstige opnames te verbeteren.

Volgen (Astronomie) [i71]

Sterrenspoor [i72]

Goed om te weten

Belichtingstijd

De belichtingstijd geeft aan hoe lang de sensor aan licht is blootgesteld. Het wordt gemeten in seconden of fracties van seconden.

Groothoeklens

Een groothoeklens heeft een korte brandpuntsafstand en vangt een groot beeldhoek. Het is geschikt om het ruimtevaartstation in de context van de sterrenhemel te fotograferen.

Serieopnames

Serieopnames betekenen dat de camera meerdere beelden snel achter elkaar maakt. Dit vergroot de kans op een scherpe afbeelding, vooral bij bewegende objecten zoals ruimtevaartstations.

Timelapse-video

Een timelapse-video ontstaat door het aaneenrijgen van veel enkelbeelden die op tijdsintervallen zijn genomen. Het comprimeert een langere periode, zoals de overvlieging van een ruimtevaartstation, in een korte sequentie.

Volgmechanisme

Een gemotoriseerd volgmechanisme compenseert de aardrotatie en maakt lange belichtingen mogelijk zonder dat de sterren tot strepen worden. Het is bijzonder nuttig bij de fotografie van ruimtevaartstations.

Fotodocumentatietechnieken voor observatie van ruimtestations

Vergelijking van beeldvormingstechnieken voor het vastleggen van ruimtestations

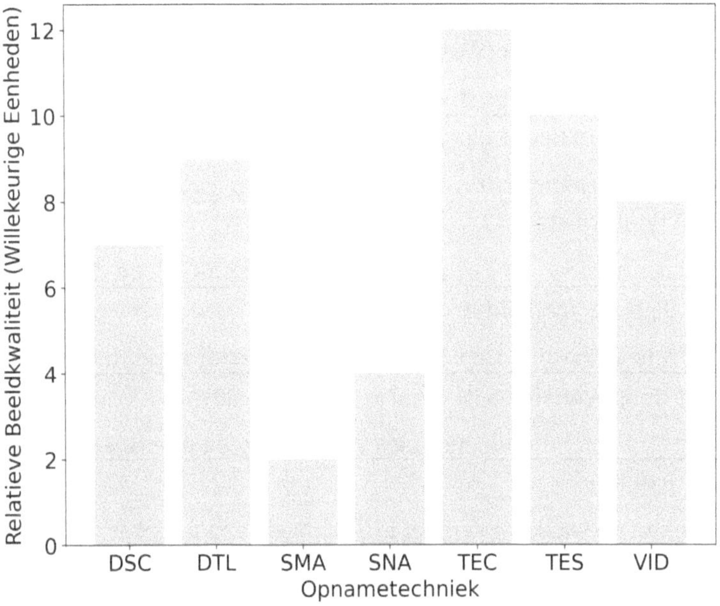

DSC: DSLR-camera (standaardlens)

DTL: DSLR-camera (telelens)

SMA: Smartphone (standaardmodus)

SNA: Smartphone (astrofotografiemodus)

TEC: Telescoop (camera bevestigd)

TES: Telescoop (standaard oculair)

VID: Videocamera (hoge resolutie)

De gegevens laten duidelijk zien dat DSLR-camera's een superieure beeldkwaliteit bieden in vergelijking met smartphonecamera's, vooral bij het vastleggen van gedetailleerde kenmerken van ruimtestations. Telescoopondersteunde fotografie biedt de hoogste resolutie en details, maar kent beperkingen vanwege tracking- en atmosferische omstandigheden. Hoewel smartphoneastrofotografiemodi een verbeterde lichtgevoeligheid bieden, blijven ze achter bij speciale camera's op het gebied van resolutie en controle. Over het algemeen hangt de optimale aanpak af van het gewenste detailniveau en de beschikbare apparatuur, waarbij DSLR- en telescoopgebaseerde methoden de beste resultaten opleveren voor gedetailleerde documentatie.

Concrete adviezen

- ○ Organiseer een groepsobservatie van het ISS en andere ruimtevaartstations en deel uw indrukken.
- ○ Volg het ruimtevaartstation met een telescoop en probeer details zoals zonnepanelen of aangekoppelde ruimteschepen te herkennen.
- ○ Vergelijk de helderheid van het ISS met die van planeten en sterren om een gevoel voor de magnitude te krijgen.
- ○ Maak een panoramafoto van de nachtelijke hemel terwijl het ISS deze doorkruist.
- ○ Probeer het ISS door een telescoop te fotograferen en de uitdagingen van de hoge snelheid te overwinnen.
- ○ Gebruik de observatie van het ISS als aanleiding om meer te leren over de geschiedenis van de bemande ruimtevaart.
- ○ Volg de verschillende modules van het ISS en hun functies en schets hun indeling.
- ○ Bereken de snelheid van het ISS op basis van uw observatiegegevens en de bekende baanhoogte.
- ○ Reflecteer op het belang van internationale samenwerking in de ruimtevaart, gesymboliseerd door het ISS.
- ○ Ontwerp uw eigen concept voor een toekomstige ruimtevaartstation en presenteer het aan uw groep.
- ○ Volg ook de banen van andere satellieten, zoals aardobservatiesatellieten of communicatiesatellieten.
- ○ Vergelijk de banen van verschillende ruimtevaartstations en satellieten en analyseer de verschillen in hoogte en helling.
- ○ Ontwikkel een begrip van de uitdagingen van het volgen van objecten in een baan om de aarde.

5. 2 Ruimteatlas gebruiken

Dit gedeelte legt het gebruik van een ruimte-atlas uit voor de nauwkeurige lokalisatie en catalogisering van hemellichamen. Het toepassen van verschillende coördinatensystemen, zoals het equatoriale en galactische systeem, maakt het mogelijk om posities te bepalen en bewegingen in de ruimte te volgen. Uitdagingen bestaan uit de correcte interpretatie en toepassing van deze systemen, evenals de keuze van geschikte analysemethoden. Beheers deze technieken en ontdek de diepten van het universum.

De keuze van het juiste coördinatensysteem in de ruimteatlas is cruciaal voor de lokalisatie en analyse van hemellichamen en maakt de nauwkeurige opvolging van hun bewegingen en de vergelijking van waarnemingen mogelijk.

Coördinatensystemen toepassen

Om objecten in de ruimte nauwkeurig te lokaliseren, gebruikt de ruimteatlas verschillende coördinatensystemen. Net zoals de geografische lengte en breedte op aarde de positie van een plaats bepalen, geven coördinaten in de ruimte de positie van sterren, sterrenstelsels en andere hemellichamen aan. Een veelgebruikt systeem is het equatoriale coördinatensysteem, dat is gebaseerd op de projectie van de aardse evenaar in de lucht. Hierbij dienen de rechtascensie, vergelijkbaar met de geografische lengte, en de declinatie, analoog aan de breedte, als coördinaten. De rechtascensie wordt in uren, minuten en seconden aangegeven, terwijl de declinatie in graden wordt gemeten. Een ander systeem, het galactische coördinatensysteem, verwijst naar de Melkweg. Hierbij wordt de positie van een object relatief ten opzichte van het galactische vlak en het galactische centrum aangegeven. De galactische lengte en breedte dienen als coördinaten. De toepassing van deze coördinatensystemen in de ruimteatlas maakt het mogelijk om objecten niet alleen te lokaliseren, maar ook hun beweging in de tijd te volgen. Door de coördinaten op verschillende tijdstippen vast te leggen, kunnen de banen van planeten, kometen of satellieten worden bepaald. De nauwkeurige kennis van deze banen is essentieel voor de planning van ruimte missies, of het nu gaat om de verkenning van andere planeten of de positionering van satellieten in een baan om de aarde. De uitlijning van gegevens aan een standaardtemplate of atlas, zoals in het Talairach-Tournoux-coördinatensysteem, maakt de

vergelijking van datasets mogelijk. Zo kunnen bijvoorbeeld veranderingen in de hersenen in de loop van de tijd in longitudinale studies worden onderzocht. De transformatie van hersenscans naar dit coördinatensysteem kan handmatig door het plaatsen van anatomische markeringen of automatisch met behulp van een template plaatsvinden. Terwijl de automatische transformatie efficiënter is, biedt de handmatige methode een hogere nauwkeurigheid, omdat individuele anatomische variaties in aanmerking kunnen worden genomen. Echter, standaardtemplates kunnen ook inconsistenties tussen verschillende hersenen veroorzaken, omdat ze niet de volledige individuele variabiliteit kunnen vastleggen. Daarom hangt de keuze van de methode af van de specifieke vraagstelling en de beschikbare middelen. Door verschillende coördinatensystemen en analysemethoden te combineren, biedt de ruimteatlas een krachtig hulpmiddel voor het verkennen van het universum en stelt het in staat om complexe verbanden te onderzoeken en nieuwe inzichten te verkrijgen. Voorbeeldbron voor equatoriaal coördinatensysteem (hier kan een geschikte bron worden ingevoegd) Voorbeeldbron voor galactisch coördinatensysteem (hier kan een geschikte bron worden ingevoegd)

Equatoriaal coördinatensysteem

Het equatoriale coördinatensysteem is een coördinatensysteem dat is gebaseerd op de projectie van de aardse evenaar in de lucht. Het gebruikt rechtascensie en declinatie om de positie van hemellichamen te bepalen.

Galactisch coördinatensysteem

Het galactische coördinatensysteem is een coördinatensysteem dat is gebaseerd op de Melkweg. Het gebruikt galactische lengte en breedte om de positie van objecten relatief ten opzichte van het galactische vlak en het galactische centrum aan te geven.

Galactische lengte

De galactische lengte is een van de twee coördinaten in het galactische coördinatensysteem. Het wordt vanaf het galactische centrum langs het galactische vlak gemeten.

Talairach-Tournoux-coördinatensysteem

Een driedimensionaal coördinatensysteem dat als referentiekader dient voor de lokalisatie van structuren in de hersenen. Het maakt standaardisatie en vergelijking van hersengegevens mogelijk.

Verdeling van coördinatensystemen in een ruimteatlas

Visualisatie van de prevalentie van verschillende coördinatensystemen die in een ruimteatlas worden gebruikt.

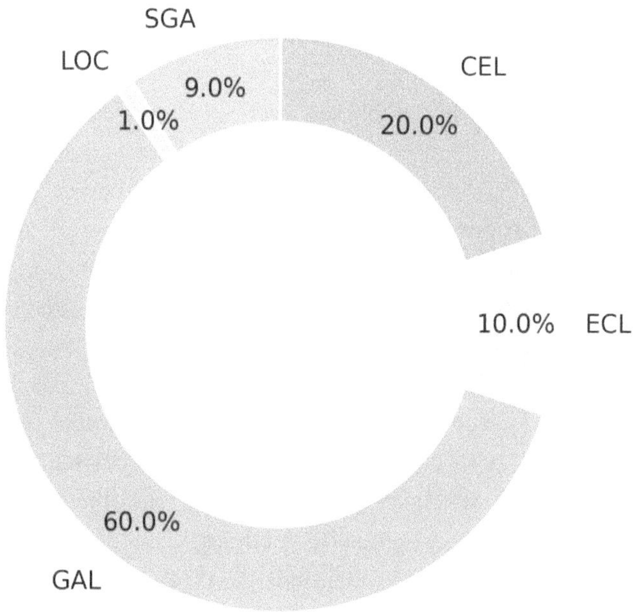

CEL: Hemelse coördinaten

ECL: Ecliptische coördinaten

GAL: Galactische coördinaten

LOC: Lokale coördinaten

SGA: Supergalactische coördinaten

Galactische coördinaten domineren de atlas, wat een focus op grootschalige structuren benadrukt. Hoewel hemelse en ecliptische coördinaten aanwezig zijn, suggereren hun kleinere verhoudingen dat ze voor specifieke doeleinden worden gebruikt, misschien voor waarnemingen vanaf de aarde of binnen het zonnestelsel. Het gebruik van supergalactische coördinaten geeft aan dat de atlas gegevens bevat over structuren buiten ons sterrenstelsel, hoewel minder frequent dan galactische gegevens. De minimale aanwezigheid van lokale coördinaten suggereert een beperkte focus op zeer kleine, specifieke ruimtegebieden.

Hemellichamen catalogiseren

De catalogisering van hemellichamen is essentieel voor navigatie, onderzoek en begrip van het universum. Astronomen gebruiken verschillende methoden om objecten te identificeren, te classificeren en hun eigenschappen vast te leggen. Een belangrijk aspect is spectroscopie, die de analyse van het licht van sterren en andere objecten mogelijk maakt [s30]. Door de spectrale lijnen – donkere of heldere lijnen in het spectrum van een object – te bestuderen, kunnen wetenschappers informatie verkrijgen over de chemische samenstelling, temperatuur en snelheid van het object. De nauwkeurige baselinecorrectie van de spectra is daarbij essentieel om de signaal-ruisverhouding te optimaliseren en de nauwkeurigheid van de analyse te waarborgen [s30]. Zo kunnen bijvoorbeeld B-type sterren en hete subdwergsterren aan de hand van hun kenmerkende spectrale lijnen worden geïdentificeerd en geclassificeerd. Naast spectroscopie speelt ook astrometrie, de nauwkeurige positiebepaling van objecten aan de hemel, een cruciale rol. Door herhaalde metingen van de posities kunnen de bewegingen van objecten worden gevolgd en hun banen worden berekend. Deze informatie is onder andere relevant voor het voorspellen van asteroïdenbanen of het plannen van ruimtemissies. Bovendien kunnen meerdere sterrenvolgers – instrumenten voor de positiebepaling van satellieten – worden ingezet om de ruimtebewaking en het situationeel bewustzijn in de ruimte te verbeteren [s31]. Elke satelliet die is uitgerust met een sterrenvolger kan als waarnemer voor de ruimtebewaking dienen en zo bijdragen aan de registratie van ruimteafval. De combinatie van positiedata van verschillende sterrenvolgers en de toepassing van correctie-algoritmen, zoals de Gaussische MMSE-algoritme, verhoogt de nauwkeurigheid van de positiebepaling van objecten in een baan [s31]. De aldus verkregen gegevens worden opgenomen in catalogi die voortdurend worden uitgebreid en geactualiseerd. Deze catalogi bevatten een schat aan informatie over de objecten, waaronder hun coördinaten, helderheid, spectrale klasse en eventueel andere eigenschappen zoals grootte, massa of rotatiesnelheid. Een dergelijke catalogus zou in de toekomst ook de beginorbitalparameters van objecten in verschillende orbitale secties kunnen bevatten om de detectie en tracking van doelen te vergemakkelijken [s31]. Door de systematische catalogisering en analyse van hemellichamen breiden we onze kennis over het universum uit en leggen we de basis voor toekomstig onderzoek en exploratie.

Goed om te weten

Baselinecorrectie

De baselinecorrectie is een procedure voor het verbeteren van de kwaliteit van spectra door ongewenste achtergrondsignalen te verwijderen, om de nauwkeurigheid van de analyse te verhogen.

Beginorbitalparameters

De beginorbitalparameters beschrijven de positie en snelheid van een object in de ruimte op een bepaald moment. Ze zijn belangrijk voor het berekenen van de toekomstige baan van het object.

Gaussische MMSE-algoritme

Het Gaussische MMSE-algoritme (Minimum Mean Square Error) is een wiskundige methode voor het minimaliseren van fouten bij het schatten van waarden, bijvoorbeeld bij de positiebepaling van satellieten.

Signaal-ruisverhouding

De signaal-ruisverhouding beschrijft de verhouding tussen het nuttige signaal (bijvoorbeeld het licht van een ster) en het ongewenste ruis in het meetinstrument. Een hoge signaal-ruisverhouding is essentieel voor nauwkeurige metingen.

Hemellichaam klassen

Verdeling van hemellichamen

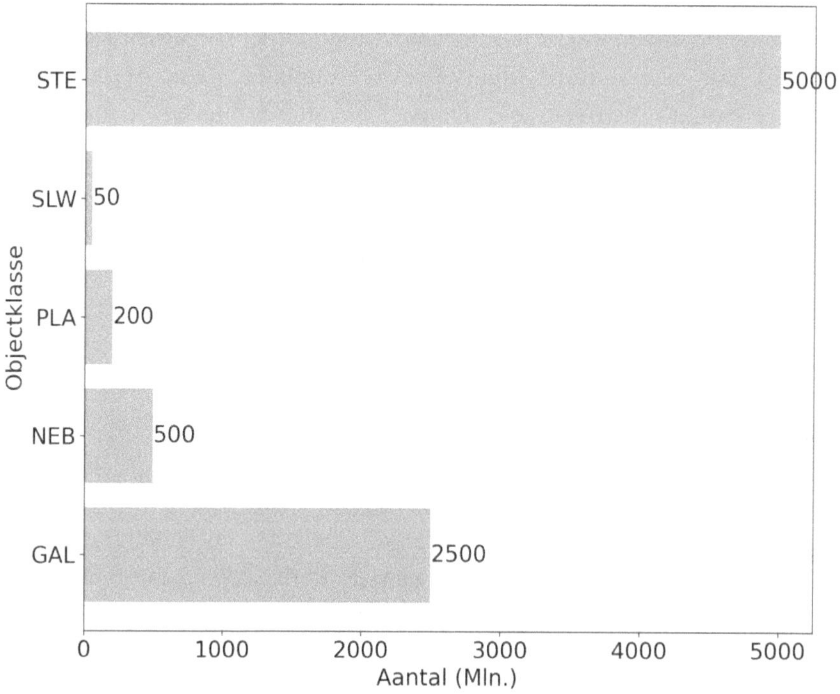

GAL: Sterrenstelsels
NEB: Nevels
PLA: Planeten
SLW: Zwarte gaten
STE: Sterren

Het diagram visualiseert de relatieve frequentie van verschillende hemellichaam klassen. Sterren zijn het meest vertegenwoordigd, gevolgd door sterrenstelsels. Nevels en planeten zijn aanzienlijk zeldzamer, terwijl zwarte gaten het minst voorkomen.

Observatielogboeken bijhouden

Observatielogboeken vormen de basis voor de systematische registratie en latere evaluatie van astronomische waarnemingen. Een goed bijgehouden logboek maakt niet alleen de documentatie van eigen waarnemingen mogelijk, maar ook de vergelijking met andere gegevensbronnen, wat bijdraagt aan wetenschappelijke kennis. Essentiële onderdelen van een dergelijk logboek zijn de datum en tijd van de waarneming, de observatielocatie en de gebruikte instrumenten, inclusief eventuele filters of oculairs. De atmosferische omstandigheden, zoals de zichtbaarheid of het Seeing, beïnvloeden de kwaliteit van de waarnemingen en moeten daarom ook worden genoteerd. De beschrijving van het waargenomen object omvat de catalogusvermelding – indien bekend – zijn positie op basis van de gebruikte coördinaten (bijv. rektaszension en Declinatiet) en de waargenomen kenmerken. Bij de visuele observatie van planeten kunnen dit details van de oppervlakte structuur of de positie van manen zijn, bij Deep-Sky-objecten de helderheid, vorm en structuur. Schetsen of foto's aanvullen de beschrijving en helpen om details vast te leggen die puur verbaal moeilijk te beschrijven zijn. Een waarnemer die bijvoorbeeld de Andromedagalaxie (M31) observeert, noteert naast de algemene gegevens de helderheid van de kern, de uitgestrektheid van de spiraalarmen en eventueel zichtbare begeleidende sterrenstelsels. De documentatie van de gebruikte vergroting aan de telescoop maakt een realistische inschatting van de detailnauwkeurigheid mogelijk. De systematische registratie van deze informatie in een gestandaardiseerd formaat vergemakkelijkt de latere analyse en de vergelijking met andere waarnemingen, bijvoorbeeld om veranderingen in de helderheid van een variabele ster te volgen of de beweging van een komeet te documenteren. Digitale hulpmiddelen, zoals spreadsheets of speciale astronomiesoftware, zijn geschikt voor de organisatie en evaluatie van de gegevens. Ze maken sortering en filtering op basis van verschillende criteria mogelijk en

kunnen berekeningen uitvoeren, bijvoorbeeld om de schijnbare helderheid van een ster te bepalen of de baan van een object te berekenen. Door de zorgvuldige documentatie van alle relevante parameters krijgen uw waarnemingen wetenschappelijke waarde en dragen ze bij aan het begrip van het universum. Een gestructureerd logboek helpt u bovendien om uw observatiemethoden te verbeteren en uw vaardigheden in het omgaan met de instrumenten te verfijnen. Zo kunt u de prestaties van uw apparatuur optimaal benutten en uw waarnemingen naar een nieuw niveau tillen.

Goed om te weten

Deep-Sky-objecten

Deep-Sky-objecten zijn hemellichamen buiten ons zonnestelsel, zoals sterrenstelsels, nevels en sterrenhopen. Ze zijn vaak zwak verlicht en vereisen daarom telescopen met een grotere opening en donkere observatielocaties.

Seeing

Het seeing beschrijft de luchtverstoringen in de atmosfeer die de beeldscherpte bij astronomische waarnemingen beïnvloeden. Goed seeing maakt gedetailleerde waarnemingen mogelijk, terwijl slecht seeing leidt tot onscherpe beelden.

Spreadsheet

Spreadsheets zijn computerprogramma's die worden gebruikt voor de organisatie en evaluatie van gegevens in tabelvorm. Ze maken berekeningen, sorteringen en filtering van gegevens mogelijk.

Verdeling van Ruimteobservatietypen

Overzicht van astronomische observatiemethoden.

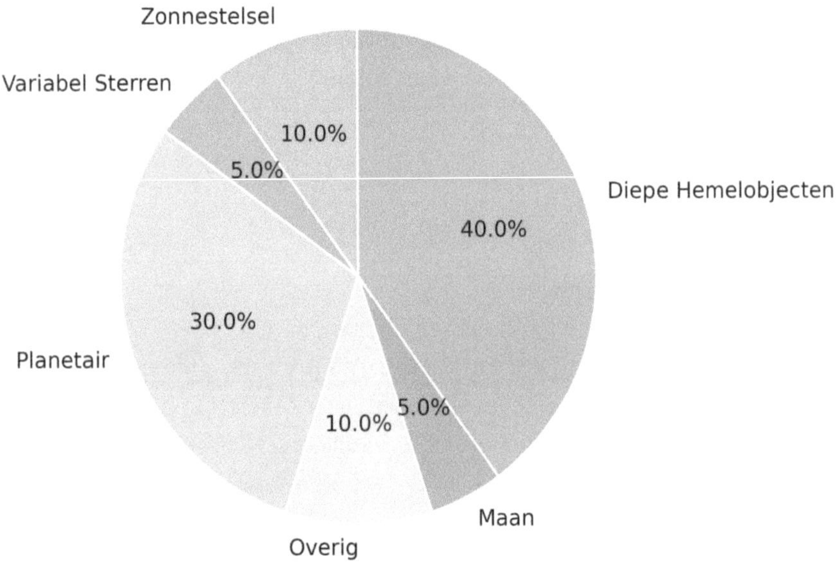

DHO: Diepe Hemelobjecten
MAA: Maan
OVE: Overig
PLA: Planetair
VAR: Variabel Sterren
ZON: Zonnestelsel

Het grootste deel van de observaties richt zich op diepe hemelobjecten, wat wijst op een sterke interesse in het verkennen van sterrenstelsels, nevels en sterrenhopen. Planetaire observaties nemen een aanzienlijk deel in, als gevolg van lopend onderzoek naar ons zonnestelsel en exoplaneten. Hoewel het een kleiner percentage is, benadrukt de aandacht voor variabele sterren hun belang voor het begrijpen van sterevolutie en kosmische afstanden. De gelijkmatige verdeling over andere categorieën suggereert diverse onderzoeksinteresses in verschillende astronomische verschijnselen.

Concrete adviezen

- Gebruik de ruimte-atlas om de coördinaten van een hemelobject te bepalen en richt uw telescoop nauwkeurig daarop uit.
- Plan een observatieavond door in de ruimte-atlas de zichtbaarheid van planeten, nevels en sterrenstelsels voor uw locatie en tijdstip te controleren.
- Maak met de ruimte-atlas een persoonlijke sterrenkaart die alleen de objecten bevat die u met uw telescoop kunt observeren.
- Volg de baan van een komeet met behulp van de ruimte-atlas en bereken het moment van zijn grootste nadering tot de aarde.
- Vergelijk de weergave van sterrenbeelden in verschillende culturen door hun posities en benamingen in de ruimte-atlas te onderzoeken.
- Gebruik de ruimte-atlas om het optimale observatietijdstip voor meteorenregens te bepalen en markeer de radiant op uw sterrenkaart.
- Maak een animatie van de schijnbare beweging van hemelobjecten over een langere periode, gebaseerd op de gegevens van de ruimte-atlas.
- Gebruik de ruimte-atlas om de effecten van lichtvervuiling op de zichtbaarheid van hemelobjecten op uw locatie te simuleren.
- Vergelijk de gegevens van verschillende ruimte-atlassen met betrekking tot de eigenschappen van een bepaald object en analyseer de verschillen.
- Ontwikkel een eigen observatieproject waarbij u de ruimte-atlas als centraal hulpmiddel voor planning en documentatie gebruikt.
- Gebruik de ruimte-atlas om de geschiedenis van de astronomie en ruimtevaart aan de hand van historische sterrenkaarten en missiedata te volgen.

5. 3 Oneindigheid verkennen

De grenzen van het universum verkennen betekent zich bezig te houden met zijn expansie, de kromming van de ruimte en het concept van hogere dimensies. Het meten van de expansiesnelheid met behulp van supernovae en kosmische chronometers levert inzichten op over de leeftijd, samenstelling en het lot van het universum. Tegelijkertijd vormt de visualisatie van hogere dimensies een uitdaging voor onze driedimensionale waarneming. Dit gedeelte biedt praktische benaderingen om deze complexe concepten te begrijpen en de grenzen van onze verbeeldingskracht te verleggen.

Het verkennen van het universum, van zijn expansie tot de kromming van de ruimte, vereist niet alleen krachtige instrumenten, maar ook de mogelijkheid om onze driedimensionale waarneming uit te breiden en verder te denken dan de grenzen van onze dagelijkse ervaring.

Expansie-effecten meten

De expansie van het universum kan worden gemeten met verschillende methoden die zijn gebaseerd op de relatie tussen afstand en rotverschiebung van astronomische objecten [s32]. De roodverschuiving, een verschuiving van de spectrale lijnen naar het rode uiteinde van het spectrum, wordt geïnterpreteerd als een rek van de lichtgolven door de expansie van de ruimte. De afstand van een sterrenstelsel is dus evenredig met zijn roodverschuiving – hoe verder een sterrenstelsel, hoe groter de roodverschuiving en hoe sneller het lijkt zich van ons te verwijderen [s32]. De evenredigheidsconstante in deze relatie, de Hubble-constante, beschrijft de huidige expansiesnelheid van het universum en is direct verbonden met de leeftijd van het universum. Het meten van de expansiegeschiedenis vereist nauwkeurige afstandsbepalingen. Vroeger werden Cepheïden, pulserende sterren met bekende helderheid, gebruikt als "standaardkaarsen" [s32]. Tegenwoordig worden Type Ia supernovae gebruikt, explosies van witte dwergsterren die dienen als betrouwbare afstandsindicatoren over grote afstanden [s32]. Het observeren van deze supernovae bij hoge roodverschuivingen maakt het mogelijk om de expansiesnelheid in het verleden te bepalen [s33]. De tijdsdilatatie – de rek van de tijd in een snel bewegend systeem – bij verre supernovae bevestigt de interpretatie van de roodverschuiving als gevolg van de expansie [s32]. De analyse van de expansiegeschiedenis levert belangrijke informatie op over de samenstelling en het lot van het universum. Metingen van de expansiesnelheid tonen aan dat de expansie in de afgelopen miljarden jaren is versneld [s32] [s33]. Deze versnelling wordt toegeschreven aan een mysterieuze "donkere energie" die ongeveer 70% van de energiedichtheid van het universum uitmaakt. Door supernova-gegevens te combineren met metingen van de kosmische microgolfachtergrondstraling – de naschok van de oerknal – kunnen we de dichtheid van materie en donkere energie nauwkeuriger bepalen [s33]. Het meten van de veranderingen in de expansiesnelheid helpt bij het bepalen van de massadichtheid en de geometrie van de ruimte [s33]. Zo kunnen we door het analyseren van explosies in verre sterrenstelsels, die een geringe intrinsieke helderheidspreiding vertonen, nauwkeurige metingen van de expansiesnelheid bij hoge roodverschuivingen uitvoeren [s33]. Een andere methode om de expansie van het universum te meten is de methode van kosmische chronometers [s34]. Hierbij worden de leeftijdsverschillen van massieve, passief ontwikkelende sterrenstelsels in verschillende roodverschuivingsgebieden geanalyseerd. Het selecteren van een homogene en gesynchroniseerde steekproef van sterrenstelsels is cruciaal om een leeftijd-roodverschuiving relatie op te stellen die de leeftijdstrend van het universum weerspiegelt [s34]. Deze methode levert directe schattingen van de Hubble-parameter en bevestigt de resultaten van andere meetmethoden.

Hubble-constante

De Hubble-constante is een maat voor de huidige expansiesnelheid van het universum. Het geeft aan hoe snel de snelheid waarmee sterrenstelsels zich van ons verwijderen, toeneemt met toenemende afstand. De Hubble-constante is een sleutelparameter voor het bepalen van de leeftijd en de ontwikkeling van het universum.

Hubble-parameter

De Hubble-parameter is een maat voor de expansiesnelheid van het universum op een bepaald moment. In tegenstelling tot de Hubble-constante, die de *huidige* expansiesnelheid beschrijft, kan de Hubble-parameter in de loop van de tijd variëren.

Kosmische microgolfachtergrondstraling

De kosmische microgolfachtergrondstraling is de reststraling van de oerknal en vult het hele universum. Het levert belangrijke informatie over de vroegste momenten van het universum en zijn samenstelling.

Standaardkaarsen

Standaardkaarsen zijn astronomische objecten met bekende helderheid. Door hun bekende helderheid te vergelijken met hun schijnbare helderheid, zoals waargenomen vanaf de aarde, kunnen astronomen hun afstand berekenen.

Uitdijing van het heelal

Correlatie tussen afstand en de snelheid waarmee sterrenstelsels zich van ons verwijderen.

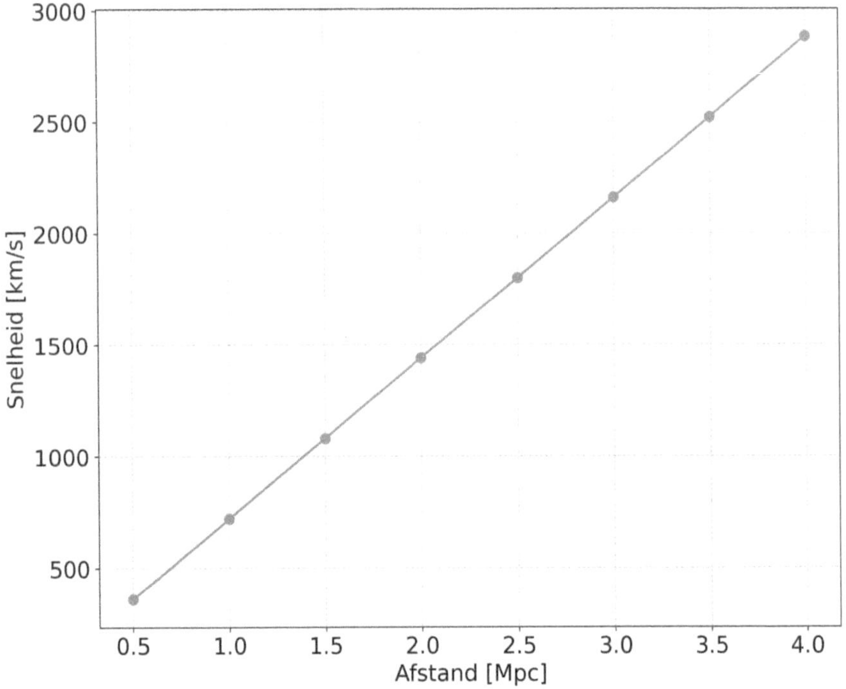

De grafiek toont duidelijk een lineair verband tussen de afstand van sterrenstelsels tot de aarde en hun snelheid waarmee ze zich van ons verwijderen. Dit ondersteunt de theorie van een uitdijend heelal, waar objecten die verder weg zijn zich sneller van ons verwijderen. De helling van de lijn vertegenwoordigt de Hubble-constante, die de snelheid van de uitdijing kwantificeert.

Ruimtekromming aantonen

De kromming van de ruimte, een centrale uitspraak van de Algemene Relativiteitstheorie, kan door verschillende observaties worden geverifieerd. Massieve objecten vervormen de ruimte-tijd, wat zich manifesteert in het gravitationslinseneffekt. Lichtstralen die langs massieve objecten lopen, worden afgebogen, vergelijkbaar met hoe licht door een lens wordt gebroken. Dit effect kan worden aangetoond bij de observatie van sterrenstelsels: het licht van achtergrondstelsels wordt vervormd door de massieve cluster en verschijnt in meerdere, boogvormige beelden. De sterkte van deze vervorming biedt aanwijzingen over de massa van de cluster en de kromming van de ruimte in de omgeving. Een nauwkeurige analyse van de beelden van achtergrondstelsels die door een sterrencluster zijn vervormd, kan bijvoorbeeld inzicht geven in de massa-verdeling in de cluster en de bijbehorende ruimtekromming [s35]. Een andere aanwijzing voor de ruimtekromming wordt geleverd door de gravitational redshift. Fotonen die ontsnappen aan een sterk gravitationeel veld verliezen energie en hun golflengte verschuift naar het rode uiteinde van het spectrum. Dit effect is experimenteel bevestigd en ondersteunt het idee van een gekromde ruimte-tijd. De nauwkeurige meting van deze roodverschuiving bij sterren in de buurt

van massieve zwarte gaten kan de sterkte van het gravitationele veld en de bijbehorende ruimtekromming bepalen. Het onderzoek naar ruimtekromming levert niet alleen belangrijke inzichten op over de natuur van de gravitationele kracht, maar ook over de samenstelling van het universum. De waargenomen discrepanties tussen de voorspelde en gemeten expansiesnelheid van het universum, evenals de moeilijkheden bij de directe detectie van donkere materie en donkere energie, kunnen worden verklaard door een herinterpretatie van de veldvergelijkingen van de Algemene Relativiteitstheorie [s35]. Deze herinterpretatie kan nieuwe inzichten bieden in de eigenschappen van de ruimte-tijd en de verdeling van materie en energie in het universum. Het onderzoek naar ruimtekromming is dus nauw verbonden met de zoektocht naar een alomvattende theorie van de kosmologie.

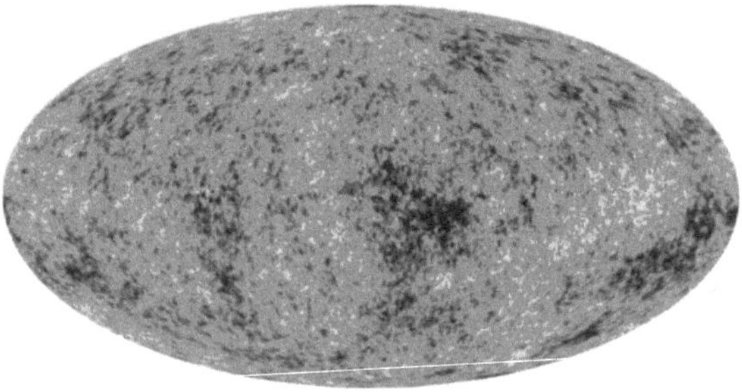

Kosmologie [i73]

Gravitational redshift

De gravitational redshift beschrijft de vermindering van de energie van fotonen wanneer ze ontsnappen aan een gravitationeel veld. Dit leidt tot een verschuiving van hun golflengte naar het rode uiteinde van het spectrum.

Kosmologie

De kosmologie is de wetenschap van de oorsprong, ontwikkeling en structuur van het universum als geheel. Het houdt zich bezig met fundamentele vragen zoals de expansie van het universum en de aard van donkere materie en donkere energie.

Veldvergelijkingen

De veldvergelijkingen van de Algemene Relativiteitstheorie beschrijven de relatie tussen de verdeling van massa en energie en de kromming van de ruimte-tijd. Ze vormen de basis voor het berekenen van gravitationele velden en het voorspellen van fenomenen zoals het gravitational lensing effect en de gravitational redshift.

Ruimtetijdkromming

Correlatie tussen massa, afstand en ruimtetijdkromming.

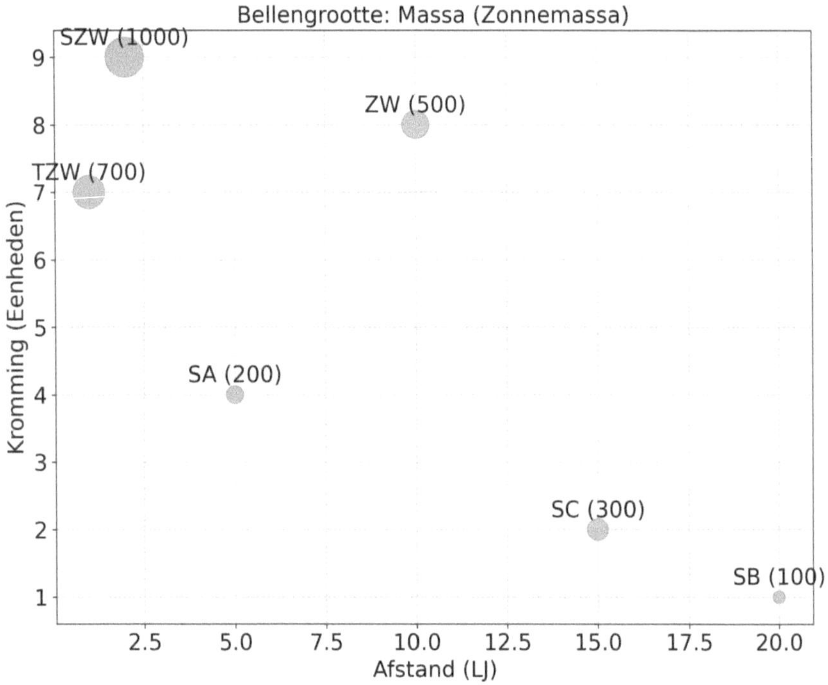

Blasengröße: Massa (Zonnemassa)

SA: Ster A

SB: Ster B

SC: Ster C

SZW: Supermassief Zwart Gat

TZW: Tussenliggend Zwart Gat

ZW: Zwart Gat

Grotere massa's veroorzaken een grotere ruimtetijdkromming, vooral op kortere afstanden. Objecten op een grotere afstand, zelfs met een aanzienlijke massa, vertonen minder invloed op de kromming. Dit suggereert dat de impact van massa op ruimtetijd afneemt met de afstand.

Dimensies visualiseren

Dimensies visualiseren, voorbij onze gebruikelijke driedimensionale waarneming, vormt een cognitieve uitdaging. Terwijl we lengte, breedte en hoogte intuïtief begrijpen, ontsnappen hogere dimensies aan onze directe ervaring. Toch zijn er benaderingen om deze complexe concepten tastbaarder te maken. Een manier is via analogie. Laten we een punt beschouwen. Dit heeft geen uitgestrektheid en vertegenwoordigt de nulde dimensie. Bewegen we dit punt langs een lijn, dan creëren we de eerste dimensie – de lengte. Verschuiven we de lijn loodrecht op zijn oriëntatie, ontstaat een vlak, de tweede dimensie met lengte en breedte. Een verdere verschuiving, dit keer loodrecht op het vlak, leidt ons naar de driedimensionale ruimte die we dagelijks ervaren. Om de vierde dimensie te illustreren, kunnen we deze procedure mentaal voortzetten door de driedimensionale ruimte loodrecht op al zijn assen te verschuiven. Het resultaat van deze operatie kan niet meer in onze driedimensionale ruimte worden afgebeeld, maar de analogie helpt om het principe van dimensie-uitbreiding te begrijpen. Een andere benadering voor het visualiseren van hogere dimensies maakt gebruik van projecties en sneden. Een driedimensionale kubus, geprojecteerd op een tweedimensionaal vlak, verschijnt als een vierkant of, afhankelijk van de projectiehoek, als een complexere vorm. Evenzo kunnen we ons voorstellen dat een vierdimensionale hyperkubus, geprojecteerd in onze driedimensionale ruimte, verschijnt als een kubus binnen een kubus, waarbij de overeenkomstige hoeken met elkaar zijn verbonden. Snijden we een driedimensionale kubus met een vlak, dan krijgen we afhankelijk van de snijrichting verschillende tweedimensionale figuren – vierkanten, driehoeken of zeshoeken. Op een vergelijkbare manier kan een vierdimensionale hyperkubus door onze driedimensionale ruimte worden "gesneden", waarbij het snijlichaam een driedimensionale kubus of andere complexe vormen kan vertegenwoordigen. Het beschouwen van dergelijke projecties en sneden, gerealiseerd door computermodellen of tekeningen, kan helpen om de structuur van hogere dimensionale objecten ten minste gedeeltelijk te begrijpen. Een ander aspect dat nuttig kan zijn bij het visualiseren van dimensies, is de wiskundige beschrijving. De positie van een punt in de driedimensionale ruimte wordt bepaald door drie coördinaten (x, y, z). In de vierde dimensie hebben we een extra coördinaat (w) nodig om de positie van een punt eenduidig te bepalen. Hoewel we de ruimte die door deze vier coördinaten wordt opgespannen niet direct kunnen voorstellen, kunnen

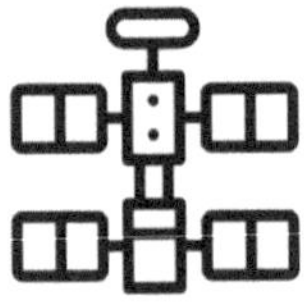

we er wiskundig mee opereren en zijn eigenschappen verkennen. Zo kunnen bijvoorbeeld afstanden en hoeken in hogere dimensies worden berekend, ook al zijn deze niet toegankelijk voor onze waarneming. De confrontatie met de wiskunde van hogere dimensies opent nieuwe perspectieven op geometrische relaties. Zo zijn er in vier dimensies bijvoorbeeld zes regelmatige polytope, die analogieën zijn van de platonische lichamen in de driedimensionale ruimte. Deze objecten hebben fascinerende eigenschappen die met wiskundige hulpmiddelen kunnen worden verkend, zelfs als hun volledige visualisatie in onze driedimensionale ruimte niet mogelijk is. De bestudering van dergelijke wiskundige concepten kan ons begrip van ruimte en dimensies uitbreiden en ons helpen de grenzen van onze driedimensionale waarneming te overstijgen. Een praktische tip om hogere dimensies te benaderen, is om te beginnen met lagere dimensies en geleidelijk de complexiteit te verhogen. Teken een punt, een lijn, een vierkant en een kubus. Probeer de relaties tussen deze objecten te begrijpen en hoe ze ontstaan door een extra dimensie toe te voegen. Constructeer vervolgens de projectie van een kubus op een vlak en visualiseer verschillende sneden door de kubus. Deze oefening kan u helpen de principes van dimensie-uitbreiding te internaliseren en u geleidelijk aan de voorstelling van hogere dimensies te laten wennen. In de volgende stap kunt u proberen de netten van vierdimensionale objecten te tekenen en u hun vouw in de vierdimensionale ruimte voor te stellen. Ook al is de volledige visualisatie van deze objecten moeilijk, de bestudering van hun projecties en netten kan een dieper begrip van hun structuur bieden.

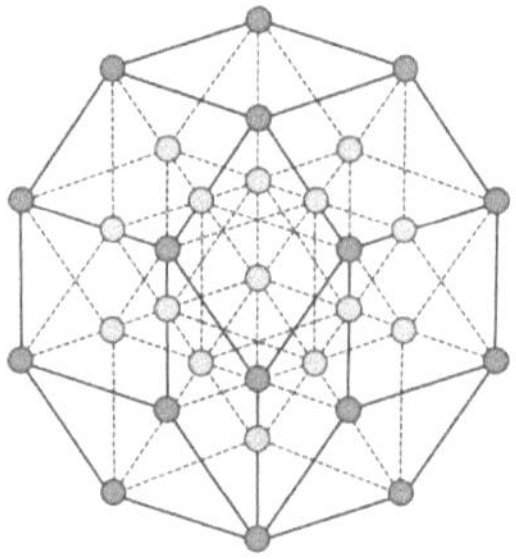

Hyperkubus [i74]

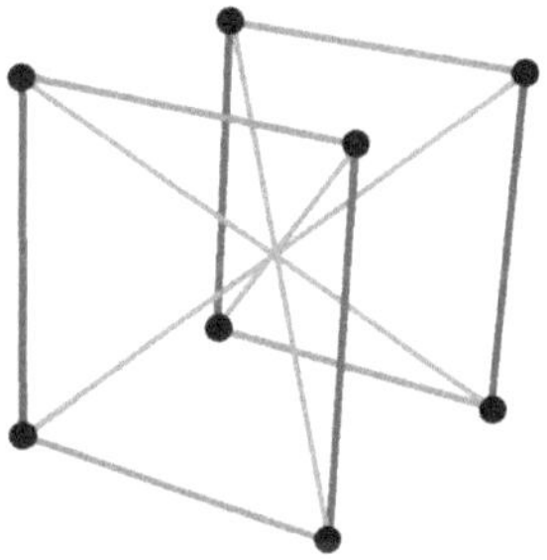

Polytoop [i75]

Goed om te weten

Hyperkubus

Een hyperkubus is een vierdimensionaal analogon van een kubus. Hij heeft 16 hoeken, 32 randen, 24 vlakken en 8 driedimensionale cellen, die elk kubussen zijn. Zijn projectie in de driedimensionale ruimte kan worden weergegeven als twee in elkaar genestelde kubussen, waarvan de overeenkomstige hoeken met elkaar zijn verbonden.

Polytoop

Polytope zijn de generalisatie van polygonen en polyëders naar hogere dimensies. Een vierdimensionaal polytoop wordt ook wel een polychoron genoemd. In vier dimensies zijn er zes regelmatige convexe polytope, analoog aan de vijf platonische lichamen in drie dimensies.

Projectie

Een projectie is de afbeelding van een object uit een hoger-dimensionale ruimte op een lager-dimensionale ruimte. Daarbij gaan informatie over de ruimtelijke uitgestrektheid in de niet afgebeelde dimensies verloren. De projectie van een vierdimensionaal object in de driedimensionale ruimte kan helpen om zijn structuur te visualiseren, ook al blijft de volledige informatie over zijn vorm niet behouden.

Kosmische Schaal

Vergelijking van Groottes in het Universum

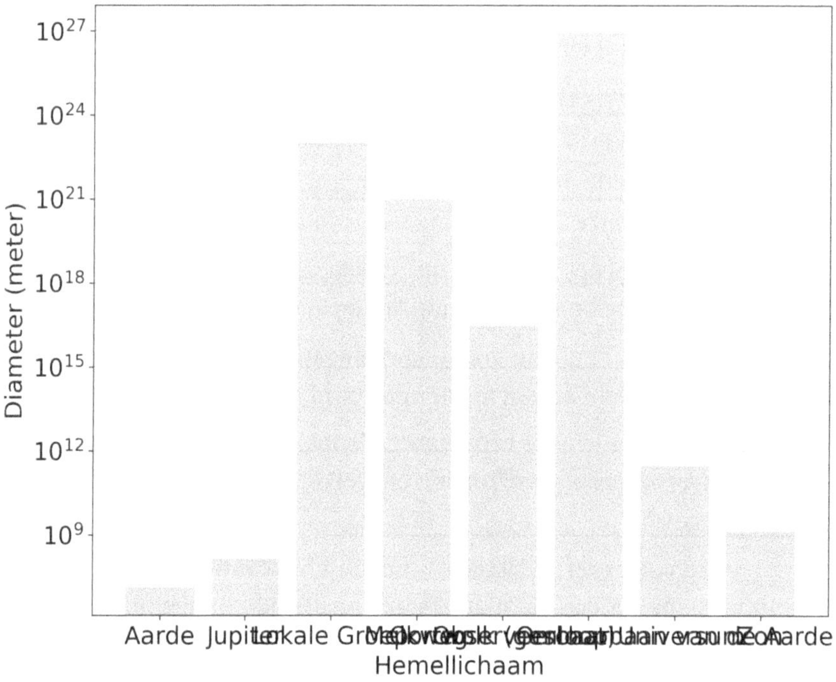

Aar: Aarde

Jup: Jupiter

Lok: Lokale Groep

Mel: Melkweg

Obs: Observeerbaar Universum

Oml: Omloopbaan van de Aarde

Oor: Oortwolk (geschat)

Zon: Zon

Deze grafiek toont visueel de enorme verschillen in schaal in het universum. Van de relatief kleine Aarde en Zon nemen de ordes van grootte exponentieel toe naarmate we naar grotere structuren zoals sterrenstelsels en clusters van sterrenstelsels gaan. Het waarneembare universum overtreft zelfs deze enorme structuren, wat de werkelijk onbegrijpelijke schaal van de kosmos benadrukt.

Concrete adviezen

- Stel je voor dat je met lichtsnelheid reist: welke kosmische objecten zou je als eerste bereiken en hoe zouden deze er van dichtbij uitzien?
- Ontwikkel een gedachte-experiment: hoe zouden toekomstige generaties de kromming van de ruimte-tijd kunnen gebruiken om sneller dan het licht te reizen?
- Ontwerp een hypothetisch aandrijfsysteem voor een ruimteschip dat de energie van zwarte gaten benut om de oneindigheid te verkennen.
- Overweeg hoe de ontdekking van een hoger-dimensionale structuur in het universum onze opvatting van ruimte en tijd zou veranderen.
- Schets een concept voor een onderzoeksstation dat zich op een asteroïde bevindt en van daaruit de diepten van de ruimte verkent.
- Ontwikkel een strategie voor communicatie met een buitenaardse beschaving die in een ander sterrenstelsel leeft.
- Stel je voor dat je door een wormgat kunt reizen: welke regio's van het universum zou je verkennen en welke gevaren zouden er op de loer liggen?
- Ontwerp een experiment dat de mogelijkheid van parallelle universums onderzoekt met behulp van astronomische observaties.
- Overweeg hoe we de hulpbronnen van de asteroïdengordel zouden kunnen gebruiken om de verkenning van de oneindigheid mogelijk te maken.
- Ontwikkel een concept voor een telescoop die in staat is om de eerste sterren na de oerknal te observeren.
- Stel je voor dat je de tijd kunt vertragen: welke kosmische gebeurtenissen zou je observeren en welke inzichten zou je kunnen verwerven?
- Ontwerp een educatief programma dat kinderen de fascinatie van ruimtevaart en de oneindigheid van het universum bijbrengt.

Terugblik - 5. Ruimtevaart en kosmos

De verkenning van de kosmos begint vaak met de wens om de wonderen van de nachtelijke hemel te observeren en te documenteren. Van de eenvoudige blik naar het Internationaal Ruimtestation (ISS) tot de complexe analyse van de expansie van het universum, biedt de amateurastronomie fascinerende mogelijkheden. "Ruimtevaart en kosmos: De praktische atlas van het universum voor amateurastronomen" biedt hiervoor waardevolle basisinformatie. Maar hoe kunnen deze gegevens in de praktijk worden toegepast? Deze tekst biedt u concrete aanbevelingen en begeleidt u door de uitdagingen van de hemelobservatie.

Allereerst moet u zich vertrouwd maken met de beschikbare tools voor het berekenen van satellietovervliegen. Websites en apps bieden nauwkeurige voorspellingen die rekening houden met uw locatie en de gewenste satellieten. Let hierbij op de elevatie, die aangeeft hoe hoog de satelliet boven de horizon verschijnt. Lage waarden betekenen dat de satelliet mogelijk door gebouwen of bomen wordt verborgen. Plan uw observatie voor een moment met hoge elevatie en controleer de weersvoorspelling – wolken kunnen uw zicht aanzienlijk belemmeren. De helderheid (magnitude) geeft aan hoe goed de satelliet zichtbaar is. Negatieve waarden betekenen hoge helderheid. De ISS bereikt bijvoorbeeld vaak een magnitude van -4 en is daarmee helderder dan de meeste sterren.

Het volgen van satellietbanen in realtime vereist gespecialiseerde volgsystemen. Deze maken gebruik van sensoren en servomotoren om de positie van de satelliet aan de hemel nauwkeurig te bepalen en uw observatie-instrumenten, zoals telescopen, automatisch uit te lijnen. De keuze van de observatielocatie speelt ook hier een belangrijke rol. Zoek een plek met vrij zicht op de hemel, ver weg van storende lichtbronnen. Houd er rekening mee dat atmosferische omstandigheden en het Dopplereffect de metingen kunnen beïnvloeden. Toekomstige volgsystemen zouden AI-technieken kunnen gebruiken om deze effecten te compenseren en de voorspellingsnauwkeurigheid verder te verbeteren.

De documentatie van uw observaties is essentieel. Voor astrofotografie heeft u een camera met handmatige instellingen, een stabiel statief en idealiter een gemotoriseerde volgapparatuur nodig. Experimenteer met belichtingstijd, diafragma en ISO-waarde om de optimale beeldkwaliteit te bereiken. Lange belichtingstijden maken het mogelijk om de satellietbaan als een streepje voor de sterrenhemel weer te geven. Kortere belichtingstijden registreren de satelliet als een punt. Na de overvlieging kunt u uw foto's bewerken en samenvoegen tot een timelapse-video. Documenteer uw opnames zorgvuldig met metadata zoals datum, tijd en camera-instellingen.

Het toepassen van coördinatensystemen is onmisbaar om hemelobjecten nauwkeurig te lokaliseren. Het equatoriale coördinatensysteem, gebaseerd op rechtse ascensie en declinatie, is wijdverspreid. Het galactische coördinatensysteem verwijst naar de Melkweg. Kennis van deze systemen maakt navigatie in de ruimteatlas en het volgen van objectbewegingen mogelijk. De catalogisering van hemelobjecten, ondersteund door spectroscopie en astrometrie, vergroot onze kennis van het universum. Houd gedetailleerde observatieprotocollen bij om uw bevindingen te documenteren en te vergelijken met andere gegevens. Maak gebruik van digitale tools voor de organisatie en analyse van uw gegevens. Het meten van expansie-effecten en het aantonen van ruimtekromming zijn complexe onderwerpen die een dieper begrip van de kosmologie vereisen. De visualisatie van hogere dimensies vormt een cognitieve uitdaging, maar analogieën, projecties en wiskundige beschrijvingen kunnen helpen om deze concepten tastbaarder te maken.

De verkenning van de kosmos is een reis vol uitdagingen en ontdekkingen. Met de juiste tools, een systematische aanpak en een portie geduld kunt ook u de geheimen van het universum verkennen en uw enthousiasme voor de astronomie verder verdiepen. Laat u inspireren door de eindeloze uitgestrektheid van de ruimte en begin uw eigen ontdekkingsreis!

Gratis extra aanbiedingen gepland

We zijn verheugd u in de toekomst gratis aanvullende materialen voor dit boek te kunnen aanbieden:

- Een exclusief bonushoofdstuk met extra inhoud
- Een compacte samenvatting van het hele boek in PDF-formaat
- Een hoorspelversie (In Planning)

De publicatie van deze materialen staat gepland voor 2025.
U bent van harte welkom om onze website vandaag al te bezoeken. Zodra onze nieuwsbriefservice start (verwacht in 2025), kunt u zich daar registreren voor updates en mist u geen nieuws over de gratis extra aanbiedingen.

www.SaageBooks.com/nl/ontdek_het_heelal-bonus-ROFHDB

Beste lezers,

Wij voelen ons zeer vereerd dat u de tijd heeft genomen om ons boek van begin tot eind te lezen. Het is onze grootste wens om u waardevolle inzichten en praktische begeleiding te bieden. Uw vertrouwen in ons werk betekent veel voor ons. Wij hopen dat het lezen verrijkend voor u was. Als u vragen of suggesties heeft, neem dan gerust contact met ons op via onze website.

Als u dit boek heeft gewaardeerd, zouden wij een eerlijke recensie zeer op prijs stellen. U kunt uw eerlijke beoordeling eenvoudig achterlaten op het verkoopplatform waar u het boek heeft gekocht.
Bedankt voor uw steun!

Bendis Saage

Saage Media GmbH - Team

www.SaageBooks.com/nl

Ontdek meer! Onze uitgeverijwebsite biedt u een gevarieerde selectie van aanvullende boeken. Naast gratis content en exclusief bonusmateriaal vindt u er ook diepgaande informatie over onze werken. Blader door ons uitgebreide digitale aanbod en laat u inspireren door aanvullende leeservaringen.

www.SaageBooks.com/nl

Bronnen

Onze oprechte dank gaat uit naar alle auteurs van de geciteerde wetenschappelijke en niet-wetenschappelijke bronnen, de beheerders van de gerefereerde websites en de makers van de gebruikte afbeeldingen, grafieken en studies, wier waardevolle werk heeft bijgedragen aan de totstandkoming van dit boek.
Voor meer informatie raden wij u aan de bronwebsites te bezoeken.
Als u mapping fouten of andere inconsistenties ontdekt, neem dan contact met ons op.

Alle bronnen zijn voor het laatst geraadpleegd op: 2025-02-12

[s1] - https://dx.doi.org/10.14586/astroedu/1648

Auteur:	Markus Nielbock (Haus der Astronomie)	**Titel:**	Navigate like a Viking – Use the Sun, not your phone!
door:	astroEDU	**DOI:**	10.14586/astroedu/1648
Datum:	2018-05-03	**Website:**	astroEDU

[s2] - https://www.mdpi.com/2313-7673/9/7/375

Auteur:	Yiting Tao, Asanka Perera, Samuel Teague, Timothy McIntyre, Eric Warrant, Javaan Chahl	**Titel:**	Computer Vision Techniques Demonstrate Robust Orientation Measurement of the Milky Way Despite Image Motion
door:	Multidisciplinary Digital Publishing Institute	**DOI:**	10.3390/biomimetics9070375
Datum:	2024-06-21	**Website:**	MDPI
Uitgever:	Multidisciplinary Digital Publishing Institute		

[s3] - https://www.mdpi.com/1424-8220/23/10/4869

Auteur:	Joshua J. R. Critchley-Marrows, Daniele Mortari	**Titel:**	A Return to the Sextant—Maritime Navigation Using Celestial Bodies and the Horizon
door:	Multidisciplinary Digital Publishing Institute	**DOI:**	10.3390/s23104869
Datum:	2023-05-18	**Website:**	MDPI
Uitgever:	Multidisciplinary Digital Publishing Institute		

[s4] - https://www.mdpi.com/2504-446X/8/11/652

Auteur:	Samuel Teague, Javaan Chahl	**Titel:**	An Algorithm for Affordable Vision-Based GNSS-Denied Strapdown Celestial Navigation
door:	Multidisciplinary Digital Publishing Institute	**DOI:**	10.3390/drones8110652
Datum:	2024-11-07	**Website:**	MDPI
Uitgever:	Multidisciplinary Digital Publishing Institute		

[s5] - https://pmc.ncbi.nlm.nih.gov/articles/PMC5805938/

Auteur:	James J Foster, Jochen Smolka, Dan-Eric Nilsson, Marie Dacke	**Titel:**	How animals follow the stars
door:	Department of Biology, Lund University, Sölvegatan 35, Lund 223 62, Sweden	**DOI:**	10.1098/rspb.2017.2322
Datum:	2018 Jan 24	**Website:**	PubMed Central (PMC)
Uitgever:	Proceedings of the Royal Society B: Biological Sciences		

[s6] - https://dx.doi.org/10.14586/astroedu/1645

Auteur:	Markus Nielbock (Haus der Astronomie)	**Titel:**	Navigation in the ancient Mediterranean and beyond
door:	astroEDU	**DOI:**	10.14586/astroedu/1645
Datum:	2017-07-28	**Website:**	astroEDU

[s7] - https://pmc.ncbi.nlm.nih.gov/articles/PMC5805938/

Auteur:	James J Foster, Jochen Smolka, Dan-Eric Nilsson, Marie Dacke	**Titel:**	How animals follow the stars
door:	Department of Biology, Lund University	**DOI:**	10.1098/rspb.2017.2322
Datum:	2018 Jan 24	**Website:**	PubMed Central (PMC)
Uitgever:	Proceedings of the Royal Society B: Biological Sciences		

[s8] - https://www.mdpi.com/2075-471X/11/2/26

Auteur:	Ciara Finnegan	**Titel:**	Indigenous Interests in Outer Space: Addressing the Conflict of Increasing Satellite Numbers with Indigenous Astronomy Practices
door:	Multidisciplinary Digital Publishing Institute	**DOI:**	10.3390/laws11020026
Datum:	2022-03-22	**Website:**	mdpi.com
Uitgever:	Multidisciplinary Digital Publishing Institute		

[s9] - https://www.mdpi.com/2304-6732/11/9/873

Auteur:	Muhammad A. Butt	**Titel:**	A Comprehensive Exploration of Contemporary Photonic Devices in Space Exploration: A Review
door:	Multidisciplinary Digital Publishing Institute	**DOI:**	10.3390/photonics11090873
Datum:	2024-09-18	**Website:**	MDPI
Uitgever:	Multidisciplinary Digital Publishing Institute		

[s10] - https://www.mdpi.com/2571-9408/4/4/211

Auteur:	Kyriakos Efstathiou, Marianna Efstathiou, Alexandros Basiakoulis, Neofytos Kokkinos	**Titel:**	The Antikythera Mechanism: The Prove of the Accuracy of the Astronomical Calculations Based on It
door:	Multidisciplinary Digital Publishing Institute	**DOI:**	10.3390/heritage4040211
Datum:	2021-10-21	**Website:**	MDPI
Uitgever:	Multidisciplinary Digital Publishing Institute		

[s11] - https://dx.doi.org/10.37282/991819.22.41

Auteur:	Casey Papovich	**Titel:**	A First Year of Discovery | Casey Papovich | Inference
door:	Inference	**DOI:**	10.37282/991819.22.41
Datum:	2022-07-08	**Website:**	Inference
Uitgever:	Inference		

[s12] - https://dx.doi.org/10.37282/991819.22.41

Auteur:	Casey Papovich	**Titel:**	A First Year of Discovery
door:	Inference	**DOI:**	10.37282/991819.22.41
Datum:	2022-07-08	**Website:**	Inference
Uitgever:	Inference		

[s13] - https://pmc.ncbi.nlm.nih.gov/articles/PMC10424525/

Auteur:	Hugo A van den Berg	**Titel:**	Beholding the cosmos: Huygens' Cosmotheoros and the latter-day Copernicans
door:	University of Warwick	**DOI:**	10.1177/0036850419872918
Datum:	2019 Aug 26	**Website:**	PubMed Central (PMC)
Uitgever:	Science Progress		

[s14] - https://pmc.ncbi.nlm.nih.gov/articles/PMC7658778/

Auteur:	L N Fletcher, A A Simon, M D Hofstadter, C S Arridge, Ian J Cohen, A Masters, K Mandt, A Coustenis	**Titel:**	Ice giant system exploration in the 2020s: an introduction
DOI:	10.1098/rsta.2019.0473	**Datum:**	2020 Nov 9
Website:	PubMed Central (PMC)		

[s15] - https://pmc.ncbi.nlm.nih.gov/articles/PMC9649581/

Auteur:	Charlotte Goetz, Etienne Behar, Arnaud Beth, Dennis Bodewits, Steve Bromley, Jim Burch, Jan Deca, Andrey Divin, Anders I Eriksson, Paul D Feldman, Marina Galand, Herbert Gunell, Pierre Henri, Kevin Heritier, Geraint H Jones, Kathleen E Mandt, Hans Nilsson, John W Noonan, Elias Odelstad, Joel W Parker, Martin Rubin, Cyril Simon Wedlund, Peter Stephenson, Matthew G G T Taylor, Erik Vigren, Sarah K Vines, Martin Volwerk	**Titel:**	The Plasma Environment of Comet 67P/Churyumov-Gerasimenko
DOI:	10.1007/s11214-022-00931-1	**Datum:**	2022 Nov 10
Website:	PubMed Central (PMC)	**Uitgever:**	Space Science Reviews

[s16] - https://dx.doi.org/10.1051/0004-6361/201527295

Auteur:	I. G. Usoskin, Y. Gallet, F. Lopes, G. A. Kovaltsov, G. Hulot	**Titel:**	Solar activity during the Holocene: the Hallstatt cycle and its consequence for grand minima and maxima
DOI:	10.1051/0004-6361/201527295	**Datum:**	2016/03/04
Website:	Astronomy & Astrophysics (A&A)	**Uitgever:**	EDP Sciences

[s17] - https://dx.doi.org/doi:10.1051/0004-6361:20077704

Auteur:	I. G. Usoskin, S. K. Solanki, G. A. Kovaltsov	**Titel:**	Grand minima and maxima of solar activity: new observational constraints
door:	Astronomy & Astrophysics (A&A)	**DOI:**	10.1051/0004-6361:20077704
Datum:	2007/06/06	**Website:**	www.aanda.org
Uitgever:	EDP Sciences		

[s18] - https://www.mdpi.com/2218-1997/6/1/9

Auteur:	Jorge L. Cervantes-Cota, Salvador Galindo-Uribarri, George F. Smoot	**Titel:**	The Legacy of Einstein's Eclipse, Gravitational Lensing
door:	Multidisciplinary Digital Publishing Institute	**DOI:**	10.3390/universe6010009
Datum:	2019-12-31	**Website:**	MDPI
Uitgever:	Multidisciplinary Digital Publishing Institute		

[s19] - https://www.mdpi.com/2218-1997/9/9/424

Auteur:	Sergey L. Cherkas, Vladimir L. Kalashnikov	**Titel:**	Rotational Curves of the Milky Way Galaxy and Andromeda Galaxy in Light of Vacuum Polarization around Eicheon
door:	Multidisciplinary Digital Publishing Institute	**DOI:**	10.3390/universe9090424
Datum:	2023-09-21	**Website:**	MDPI
Uitgever:	Multidisciplinary Digital Publishing Institute		

[s20] - https://dx.doi.org/10.1051/0004-6361/201629991

Auteur:	P. Tenjes, T. Tuvikene, A. Tamm, R. Kipper, E. Tempel	**Titel:**	Spiral arms and disc stability in the Andromeda galaxy
door:	Astronomy & Astrophysics (A&A)	**DOI:**	10.1051/0004-6361/201629991
Datum:	2017/03/24	**Website:**	www.aanda.org
Uitgever:	EDP Sciences		

[s21] - https://www.mdpi.com/2075-4434/6/4/142

Auteur:	Valentina Vacca, Matteo Murgia, Federica Govoni, Torsten Enßlin, Niels Oppermann, Luigina Feretti, Gabriele Giovannini, Francesca Loi	**Titel:**	Magnetic Fields in Galaxy Clusters and in the Large-Scale Structure of the Universe
door:	Multidisciplinary Digital Publishing Institute	**DOI:**	10.3390/galaxies6040142
Datum:	2018-12-17	**Website:**	MDPI
Uitgever:	Multidisciplinary Digital Publishing Institute		

[s22] - https://dx.doi.org/10.1051/0004-6361/201116494

Auteur:	W.A. Weidmann, R. Gamen	**Titel:**	Central stars of planetary nebulae - II. New OB-type and emission-line stars
door:	Astronomy & Astrophysics (A&A)	**DOI:**	10.1051/0004-6361/201116494
Datum:	2011/07/08	**Website:**	www.aanda.org
Uitgever:	EDP Sciences		

[s23] - https://dx.doi.org/10.1051/0004-6361/202141890

Auteur:	Rebeca Galera-Rosillo, Antonio Mampaso, Romano L. M. Corradi, Jorge García-Rojas, Bruce Balick, David Jones, Karen B. Kwitter, Laura Magrini, Eva Villaver	**Titel:**	On the most luminous planetary nebulae of M 31
DOI:	10.1051/0004-6361/202141890	**Datum:**	2022/01/12
Website:	Astronomy & Astrophysics (A&A)	**Uitgever:**	EDP Sciences

[s24] - https://pubmed.ncbi.nlm.nih.gov/20686568/

Auteur:	Hart M; Milton NM; Baranec C; Powell K; Stalcup T; McCarthy D; Kulesa C; Bendek E	**Titel:**	A ground-layer adaptive optics system with multiple laser guide stars
DOI:	10.1038/nature09311	**Datum:**	08/05/2010
Website:	PubMed	**Uitgever:**	Nature

[s25] - https://dx.doi.org/10.32388/E91Y8I

Auteur:	Marcus Arvan, University of Tampa	**Titel:**	Reinterpreting Relativity: Using the Equivalence Principle to Explain Away Cosmological Anomalies
DOI:	10.32388/E91Y8I	**Datum:**	2023-09-26
Website:	Qeios		

[s26] - https://doi.org/10.1051/0004-6361:200809691

Auteur:	A. Franceschini, G. Rodighiero, M. Vaccari	**Titel:**	Extragalactic optical-infrared background radiation, its time evolution and the cosmic photon-photon opacity
door:	Astronomy & Astrophysics (A&A), EDP Sciences	**DOI:**	10.1051/0004-6361:200809691
Datum:	2008/06/24	**Website:**	Astronomy & Astrophysics
Uitgever:	EDP Sciences		

[s27] - https://www.mdpi.com/2218-1997/8/5/282

Auteur:	Andrey V. Bogomolov, Vitaliy V. Bogomolov, Anatoly F. Iyudin, Valery E. Eremeev, Vladimir V. Kalegaev, Irina N. Myagkova, Vladislav I. Osedlo, Vasiliy L. Petrov, Oleg Y. Peretjat'ko, Mikhail I. Prokhorov, Sergey I. Svertilov, Yury K. Zaiko, Ivan V. Yashin, Vitaliy Y. Prokop'ev, Aleksey S. Styuf, Sergey V. Krasnopeev, Aleksandr P. Papkov	**Titel:**	Space Weather Effects from Observations by Moscow University Cubesat Constellation
door:	Moscow State University	**DOI:**	10.3390/universe8050282
Datum:	2022-05-12	**Website:**	MDPI
Uitgever:	Multidisciplinary Digital Publishing Institute		

[s28] - https://www.mdpi.com/1424-8220/22/2/608

Auteur:	Cameron Aume, Keith Andrews, Shantanu Pal, Alice James, Avishkar Seth, Subhas Mukhopadhyay	**Titel:**	TrackInk: An IoT-Enabled Real-Time Object Tracking System in Space
door:	Multidisciplinary Digital Publishing Institute	**DOI:**	10.3390/s22020608
Datum:	2022-01-13	**Website:**	mdpi.com
Uitgever:	Multidisciplinary Digital Publishing Institute		

[s29] - https://pmc.ncbi.nlm.nih.gov/articles/PMC11359901/

Auteur:	Ekta Sharma, Ravinesh C Deo, Christopher P Davey, Brad D Carter	**Titel:**	Artificial Intelligence-Empowered Doppler Weather Profile for Low-Earth-Orbit Satellites
door:	University of Southern Queensland; Centre for Astrophysics, University of Southern Queensland	**DOI:**	10.3390/s24165271
Datum:	2024 Aug 14	**Website:**	PMC

[s30] - https://pmc.ncbi.nlm.nih.gov/articles/PMC11263374/

Auteur:	Muhammad Tahir, Bu Yude, Tahir Mehmood, Saima Bashir, Yi Zhenping, Muhammad Awais	**Titel:**	Classification of LAMOST spectra of B-type and hot subdwarf stars using kernel support vector machine
DOI:	10.1038/s41598-024-66687-6	**Datum:**	2024 Jul 22
Website:	PubMed Central (PMC)	**Uitgever:**	Scientific Reports

[s31] - https://www.mdpi.com/2076-3417/12/7/3593

Auteur:	Meiying Liu, Hu Wang, Hongwei Yi, Yaoke Xue, Desheng Wen, Feng Wang, Yang Shen, Yue Pan	**Titel:**	Space Debris Detection and Positioning Technology Based on Multiple Star Trackers
door:	Multidisciplinary Digital Publishing Institute	**DOI:**	10.3390/app12073593
Datum:	2022-04-01	**Website:**	mdpi.com
Uitgever:	Multidisciplinary Digital Publishing Institute		

[s32] - https://pmc.ncbi.nlm.nih.gov/articles/PMC314128/

Auteur:	Robert P Kirshner	**Titel:**	Hubble's diagram and cosmic expansion
door:	Harvard–Smithsonian Center for Astrophysics	**DOI:**	10.1073/pnas.2536799100
Datum:	2003 Dec 26	**Website:**	PubMed Central (PMC)
Uitgever:	Proceedings of the National Academy of Sciences of the United States of America		

[s33] - https://pmc.ncbi.nlm.nih.gov/articles/PMC33557/

Auteur:	Robert P Kirshner	**Titel:**	Supernovae, an accelerating universe and the cosmological constant
door:	Harvard-Smithsonian Center for Astrophysics	**DOI:**	10.1073/pnas.96.8.4224
Datum:	1999 Apr 13	**Website:**	PubMed Central (PMC)
Uitgever:	Proceedings of the National Academy of Sciences of the United States of America		

[s34] - https://dx.doi.org/10.1051/0004-6361/202346992

Auteur:	E. Tomasetti, M. Moresco, N. Borghi, K. Jiao, A. Cimatti, L. Pozzetti, A. C. Carnall, R. J. McLure, L. Pentericci	**Titel:**	A new measurement of the expansion history of the Universe at z = 1.26 with cosmic chronometers in VANDELS
door:	Astronomy & Astrophysics (A&A)	**DOI:**	10.1051/0004-6361/202346992
Datum:	2023/11/15	**Website:**	aanda.org
Uitgever:	EDP Sciences		

[s35] - https://dx.doi.org/10.32388/E91Y8I

Auteur:	Marcus Arvan	**Titel:**	Reinterpreting Relativity: Using the Equivalence Principle to Explain Away Cosmological Anomalies
door:	University of Tampa	**DOI:**	10.32388/E91Y8I
Datum:	2023-09-26	**Website:**	Qeios

Afbeeldingsbronnen

Niet-vermelde afbeeldingen zijn ofwel zelf gemaakt of werden verkregen met de juiste licentie. Alle rechten zijn voorbehouden voor deze afbeeldingen.

Voor alle andere hier vermelde afbeeldingen:
Geen van de afbeeldingen werd gewijzigd, alleen de resolutie werd aangepast. In de eBook-versie werden de afbeeldingen samengevoegd tot genummerde collages. Alle afbeeldingen blijven onderworpen aan hun oorspronkelijke licentie en worden gebruikt volgens hun respectieve licentievoorwaarden. Als u attributiefouten of andere discrepanties ontdekt, neem dan contact met ons op.

Datum van laatste beeldcontrole: 2025-02-12.

Gebruikte licentie

CC0	http://creativecommons.org/publicdomain/zero/1.0/deed.en

Afbeeldingscredits

[i1] - 001_001_002_image_deepskyobjekte.jpeg
https://upload.wikimedia.org/wikipedia/commons/8/80/Orion_3008_huge_%28detail%29.jpg

Date:	2008-05-01	**door:**	Henrykus
Kunstenaar:	HeNRyKus	**License:**	Public domain

[i2] - 001_001_002_image_lichtverschmutzung.jpeg
https://upload.wikimedia.org/wikipedia/commons/e/e1/Earth%27s_City_Lights_by_DMSP%2C_1994-1995_%28large%29.jpg

Date:	between	**door:**	Tholme
Kunstenaar:	Data: Marc Imhoff/NASA GSFC, Christopher Elvidge/NOAA NGDC; Image: Craig Mayhew and Robert Simmon/NASA GSFC	**License:**	Public domain

[i3] - 001_001_002_image_offener_sternhaufen.jpeg
https://upload.wikimedia.org/wikipedia/commons/5/58/NGC265.jpg

Date:	2006-04-18	**door:**	Jmencisom
Kunstenaar:	Image Credit: ESA and NASAAcknowledgment: E. Olszewski (University of Arizona)	**License:**	Public domain

[i4] - 001_002_001_image_milchstrasse.jpeg
https://upload.wikimedia.org/wikipedia/commons/9/9e/Milky_Way_IR_Spitzer.jpg

Date:	released	**door:**	Winiar
Kunstenaar:	Credit: NASA/JPL-Caltech/S. Stolovy (Spitzer Science Center/Caltech)	**License:**	Public domain

[i5] - 001_002_001_image_sextant.jpeg
https://upload.wikimedia.org/wikipedia/commons/4/4d/Sextant-2.jpg

Date:	2006-09-29	**door:**	Loveless
License:	Public domain		

[i6] - 001_002_001_image_sonnenuhr.jpeg
https://upload.wikimedia.org/wikipedia/commons/1/1e/Bexhill_sundial%2C_June_2021.jpg

Date:	2021-06-08	**door:**	Poliphilo
License:	CC0		

[i7] - 001_002_003_image_zirkumpolar.jpeg
https://upload.wikimedia.org/wikipedia/commons/2/23/Long_exposition_of_the_star_trails_with_circumpolar_stars.jpg

Date:	2018-11-09	**door:**	A1Cafel
Kunstenaar:	hjrivas	**License:**	CC0

[i8] - 001_003_001_image_azimutale_projektion.jpeg
https://upload.wikimedia.org/wikipedia/commons/1/1a/Lambert_azimuthal_equal-area_projection_118.png

Date:	2007-11-19	**door:**	Prasinos
Kunstenaar:	prasinos	**License:**	Public domain

[i9] - 001_003_002_image_leo.jpeg
https://upload.wikimedia.org/wikipedia/commons/2/29/Starling%E2%80%99s_four_CubeSats_in_low_Earth_orbit_%28illustration%29_%28ACD23-0077-004%29.jpg

Date:	Taken	**door:**	OptimusPrimeBot
Kunstenaar:	NASA Ames Research Center / NASA	**License:**	Public domain

[i10] - 001_003_002_image_photodetektor.jpeg
https://upload.wikimedia.org/wikipedia/commons/c/cb/Integrated_circuit_optical_sensor.jpg

Date:	3/1/2010	**door:**	Xoneca
License:	Public domain		

[i11] - 001_003_003_image_refraktor.jpeg
https://upload.wikimedia.org/wikipedia/commons/0/01/Yerkes_40_inch_Refractor_Telescope-2006.jpg

Date:	2006-12-09	**door:**	CarolSpears
Kunstenaar:	user Kb9vrg	**License:**	Public domain

[i12] - 001_003_003_image_astrokamera.jpeg
https://upload.wikimedia.org/wikipedia/commons/8/8f/Crescent_Nebula_-_Flickr_-_astrophotography_andy.jpg

Date:	Taken	**door:**	Red panda bot
Kunstenaar:	Andy Weeks	**License:**	CC0

[i13] - 001_003_003_image_katadioptrisches_system.jpeg
https://upload.wikimedia.org/wikipedia/commons/8/83/500mmMirrorLens.jpg

Date:	2005-02-10	**door:**	Rama
Kunstenaar:	Hellbus	**License:**	Public domain

[i14] - 002_001_002_image_gasriesen.jpeg
https://upload.wikimedia.org/wikipedia/commons/5/5a/Jupiter_by_Cassini-Huygens.jpg

Date:	2000-12-07	**door:**	Jcpag2012
Kunstenaar:	NASA/JPL/University of Arizona	**License:**	Public domain

[i15] - 002_001_002_image_jupiter.jpeg
https://upload.wikimedia.org/wikipedia/commons/7/75/Portrait_of_Jupiter_from_Cassini.jpg

Date:	9 December 2000	**door:**	Cmao20
Kunstenaar:	NASA/JPL/Space Science Institute	**License:**	Public domain

[i16] - 002_001_002_image_saturn.jpeg
https://upload.wikimedia.org/wikipedia/commons/c/c7/Saturn_during_Equinox.jpg

Date:	2008-07-23	**door:**	Pi.1415926535
Kunstenaar:	NASA	**License:**	Public domain

[i17] - 002_001_002_image_grosser_roter_fleck.jpeg
https://upload.wikimedia.org/wikipedia/commons/7/71/PIA22946-Jupiter-RedSpot-JunoSpacecraft-20190212.jpg

Date:	Taken	**door:**	Drbogdan
Kunstenaar:	NASA/JPL-Caltech/SwRI/MSSS/ Kevin M. Gill	**License:**	Public domain

[i18] - 002_001_002_image_titan.jpeg
https://upload.wikimedia.org/wikipedia/commons/4/45/Titan_in_true_color.jpg

Date:	2012-01-30	**door:**	CactiStaccingCrane
Kunstenaar:	NASA/JPL-Caltech/Space Science Institute	**License:**	Public domain

[i19] - 002_001_002_image_ganymed.jpeg
https://upload.wikimedia.org/wikipedia/commons/2/2e/Ganymede_g1_true.jpg

Date:	1998-05-08	**door:**	Jcpag2012
Kunstenaar:	NASA/JPL	**License:**	Public domain

[i20] - 002_001_002_image_kallisto.jpeg
https://upload.wikimedia.org/wikipedia/commons/e/e9/Callisto.jpg

Date:	2001-08-22	**door:**	Bricktop
Kunstenaar:	NASA/JPL/DLR(German Aerospace Center)	**License:**	Public domain

[i21] - 002_001_002_image_ringsystem.jpeg
https://upload.wikimedia.org/wikipedia/commons/f/fa/Saturn%27s_Rings_in_Ultraviolet_Light.png

Date:	2011-06-24	**door:**	Cmdrjameson
Kunstenaar:	NASA.	**License:**	Public domain

[i22] - 002_001_003_image_opposition.jpeg
https://upload.wikimedia.org/wikipedia/commons/0/03/Ceres_opposition_effect.png

Date:	2019-01-11	**door:**	Renerpho
Kunstenaar:	NASA/JPL-Caltech/UCLA/MPS/ DLR/IDA	**License:**	Public domain

[i23] - 002_001_003_image_kryovulkan.jpeg
https://upload.wikimedia.org/wikipedia/commons/6/62/Doom_Mons%2C_Sotra_Patera%2C_Mohini_Fluctus_%28cropped%29.png

Date:	2007-02-22	**door:**	Sneeuwschaap
Kunstenaar:	NASA (radar image by Cassini probe)	**License:**	Public domain

[i24] - 002_002_002_image_koma_komet.jpeg
https://upload.wikimedia.org/wikipedia/commons/8/88/Kohoutek-uv.jpg

Date:	1973-12-25	**door:**	Paranoid123
Kunstenaar:	NASA	**License:**	Public domain

[i25] - 002_002_002_image_kometenschweif.jpeg
https://upload.wikimedia.org/wikipedia/commons/1/1f/Iss030e015472_Edit.jpg

Date:	2011-12-22	**door:**	Ottojula
Kunstenaar:	NASA/Dan Burbank	**License:**	Public domain

[i26] - 002_002_002_image_plasma_physik.jpeg
https://upload.wikimedia.org/wikipedia/commons/3/3c/Plasma_directed.jpg

Date:	published	**door:**	Inschanör~commonswiki
Kunstenaar:	Volker urban	**License:**	Public domain

[i27] - 002_002_003_image_komet.jpeg
https://upload.wikimedia.org/wikipedia/commons/3/3e/Deep_Impact_HRI.jpeg

Date:	2005-07-05	**door:**	The NMI User
Kunstenaar:	NASA/JPL-Caltech/UMD	**License:**	Public domain

[i28] - 002_002_003_image_radiant.jpeg
https://upload.wikimedia.org/wikipedia/commons/3/30/Meteor_burst.jpg

Date:	1995	**door:**	Hike395
Kunstenaar:	NASA Ames Research Center/S. Molau and P. Jenniskens	**License:**	Public domain

[i29] - 002_003_001_image_eisbohrkern.jpeg
https://upload.wikimedia.org/wikipedia/commons/9/9c/Icecore_4.jpg

Date:	2017-10-17	**door:**	David Levy
Kunstenaar:	Photo by Lonnie Thompson, Byrd Polar Research Center, Ohio State University.	**License:**	Public domain

[i30] - 002_003_001_image_sonnenfleck.jpeg
https://upload.wikimedia.org/wikipedia/commons/b/bc/Sunspot_TRACE.jpeg

Date:	APOD	**door:**	Conscious
Kunstenaar:	NASA/TRACE. (Public domain)	**License:**	Public domain

[i31] - 002_003_001_image_baumring.jpeg
https://upload.wikimedia.org/wikipedia/commons/7/7d/Tree.ring.arp.jpg

Date:	18 September 2005	**door:**	Arpingstone
License:	Public domain		

[i32] - 002_003_002_image_gravitationslinse.jpeg
https://upload.wikimedia.org/wikipedia/commons/0/02/Gravitational_lens-full.jpg

Date:	2005-04-18	**door:**	Lukius~commonswiki
License:	Public domain		

[i33] - 002_003_002_image_korona.jpeg
https://upload.wikimedia.org/wikipedia/commons/d/d9/Corona_from_Solar_Eclipse_on_8-21-17_%2835914011153%29.jpg

Date:	2017-08-21	**door:**	A1Cafel
Kunstenaar:	Stephen Rahn	**License:**	CC0

[i34] - 002_003_003_image_kalziumkfilter.jpeg
https://upload.wikimedia.org/wikipedia/commons/2/2c/Sunspots_on_11-26-2020_%2850650819966%29.jpg

Date:	2020-11-26	**door:**	A1Cafel
Kunstenaar:	Stephen Rahn	**License:**	CC0

[i35] - 002_003_003_image_protuberanz.jpeg
https://upload.wikimedia.org/wikipedia/commons/a/a3/Giant_prominence_on_the_sun_erupted.jpg

Date:	2013-03-01	**door:**	Stas1995
Kunstenaar:	NASA/SDO/AIA/Goddard Space Flight Center	**License:**	Public domain

[i36] - 003_001_001_image_exoplanet.jpeg
https://upload.wikimedia.org/wikipedia/commons/d/dc/NASA-Exoplanet-WaterWorlds-20180817.jpg

Date:	2018-08-17	**door:**	Drbogdan
Kunstenaar:	NASA	**License:**	Public domain

[i37] - 003_001_001_image_kugelsternhaufen.jpeg
https://upload.wikimedia.org/wikipedia/commons/6/68/M15_globular_cluster_core_%28opo9025a%29.jpg

Date:	16 January 1991	**door:**	OptimusPrimeBot
Kunstenaar:	NASA	**License:**	Public domain

[i38] - 003_001_001_image_radioteleskop.jpeg
https://upload.wikimedia.org/wikipedia/commons/8/83/Milky_Way_galaxy1.jpg

Date:	2020-10-19	**door:**	CRS-20
Kunstenaar:	National Aeronautics and Space Administration	**License:**	Public domain

[i39] - 003_001_001_image_spiralgalaxie.jpeg
https://upload.wikimedia.org/wikipedia/commons/0/02/NGC_2683_Spiral_galaxy.jpg

Date:	2012-03-31	**door:**	Dipankan001
Kunstenaar:	NASA	**License:**	Public domain

[i40] - 003_001_001_image_sternhaufen.jpeg
https://upload.wikimedia.org/wikipedia/commons/0/0c/Star_Cluster_R136_%28opo9404b%29.jpg

Date:	13 January 1994	**door:**	OptimusPrimeBot
Kunstenaar:	NASA	**License:**	Public domain

[i41] - 003_001_002_image_sternbild_andromeda.jpeg
https://upload.wikimedia.org/wikipedia/commons/8/8e/The_Andromeda_Galaxy_old.jpg

Date:	onbekend	**door:**	Killarnee
Kunstenaar:	NASA	**License:**	Public domain

[i42] - 003_001_002_image_teleskop.jpeg
https://upload.wikimedia.org/wikipedia/commons/9/99/James_Webb_Space_Telescope_Mirror37.jpg

Date:	2010-07-13	**door:**	Papa Lima Whiskey
Kunstenaar:	NASA/MSFC/David Higginbotham/ Emmett Given	**License:**	Public domain

[i43] - 003_001_002_image_andromedagalaxie.jpeg
https://upload.wikimedia.org/wikipedia/commons/f/ff/Andromeda_galaxy.jpg

Date:	2003-12-10	**door:**	FriedrichKieferer
Kunstenaar:	NASA/JPL/California Institute of Technology	**License:**	Public domain

[i44] - 003_001_003_image_elliptische_galaxien.jpeg
https://upload.wikimedia.org/wikipedia/commons/6/67/NGC_4697-_Black_Holes_in_Elliptical_Galaxy_Point_to_Wild_Youth_%282002-1140_-_1140_optical%29.jpg

Date:	4 June 2002	**door:**	OptimusPrimeBot
Kunstenaar:	Digital Sky SUrvey	**License:**	Public domain

[i45] - 003_001_003_image_galaxienhaufen.jpeg
https://upload.wikimedia.org/wikipedia/commons/b/bb/Firestorm_of_Star_Birth_in_Galaxy_Centaurus_A.jpg

Date:	2012-03-09	**door:**	Pine
Kunstenaar:	User:Dipankan001	**License:**	Public domain

[i46] - 003_001_003_image_radiohalo.jpeg
https://upload.wikimedia.org/wikipedia/commons/b/b9/Cluster_Collisions_Switch_on_Radio_Halos_-_Copy.jpg

Date:	2012-09-28	**door:**	ExtraRed
Kunstenaar:	Joseph DePasquale	**License:**	Public domain

[i47] - 003_002_001_image_nebelfilter.jpeg
https://upload.wikimedia.org/wikipedia/commons/8/86/Rosette_nebula_s.jpg

Date:	2007	**door:**	Ras67
Kunstenaar:	Nwright6302	**License:**	Public domain

[i48] - 003_002_001_image_reflektor.jpeg
https://upload.wikimedia.org/wikipedia/commons/e/ef/PSM_V81_D415_The_keeler_memorial_reflector_telescope.png

Date:	1912	**door:**	Ineuw
Kunstenaar:	Unknown authorUnknown author	**License:**	Public domain

[i49] - 003_002_001_image_schmalbandfilter.jpeg
https://upload.wikimedia.org/wikipedia/commons/8/85/Fleming%27s_Triangle_in_HOO_-_Flickr_-_astrophotography_andy.jpg

Date:	Taken	**door:**	Red panda bot
Kunstenaar:	Astrophoto Andy	**License:**	CC0

[i50] - 003_002_002_image_oiiifilter.jpeg
https://upload.wikimedia.org/wikipedia/commons/4/47/Supernova_Remnant_Abell_85_in_HOO_-_Flickr_-_astrophotography_andy.jpg

Date:	Taken	**door:**	Red panda bot
Kunstenaar:	Astrophoto Andy	**License:**	CC0

[i51] - 003_002_002_image_zentralstern.jpeg
https://upload.wikimedia.org/wikipedia/commons/d/d1/Hen_1357-_A_Young_Planetary_Nebula_%281993-02-91%29.jpg

Date:	5 January 1993	**door:**	OptimusPrimeBot
Kunstenaar:	Credit: Matt Bobrowsky (CTA INCORPORATED), and NASA.	**License:**	Public domain

[i52] - 003_002_002_image_bulge.jpeg
https://upload.wikimedia.org/wikipedia/commons/d/d1/Galactic_Bulge_%282020-56-4762%29.png

Date:	27 October 2020	**door:**	OptimusPrimeBot
Kunstenaar:	CTIO/NOIRLab/NSF/AURA/, W. Clarkson (UM-Dearborn), C. Johnson (STScI), and M. Rich (UCLA)	**License:**	Public domain

[i53] - 003_002_002_image_emissionslinien.jpeg
https://upload.wikimedia.org/wikipedia/commons/6/6e/Proplyd_in_Orion_Nebula_%281995-45-355%29.jpg

Date:	20 November 1995	**door:**	OptimusPrimeBot
Kunstenaar:	Credit: Mark McCaughrean (Max-Planck-Institute for Astronomy), C. Robert O'Dell (Rice University), and NASA	**License:**	Public domain

[i54] - 003_002_002_image_galaktische_ebene.jpeg
https://upload.wikimedia.org/wikipedia/commons/2/2f/Galactic_Center_Magnetized_Threads_radio.jpg

Date:	2021-04-26	**door:**	Artem.G
Kunstenaar:	X-ray: NASA/CXC/UMass/Q.D. Wang; Radio: NRF/SARAO/MeerKAT	**License:**	Public domain

[i55] - 003_002_003_image_astrofotografie.jpeg
https://upload.wikimedia.org/wikipedia/commons/8/89/NGC_2264_Christmas_Tree_Nebula.jpg

Date:	2018-03-20	**door:**	ToBeFree
Kunstenaar:	Dylan O'Donnell, deography.com	**License:**	CC0

[i56] - 003_002_003_image_plejaden.jpeg
https://upload.wikimedia.org/wikipedia/commons/a/ad/Reflection_nebula_IC_349_near_Merope.jpg

Date:	2007-09-17	**door:**	Liftarn
Kunstenaar:	Worldtraveller	**License:**	Public domain

[i57] - 003_003_001_image_runawaysterne.jpeg
https://upload.wikimedia.org/wikipedia/commons/c/ca/Runaway-star-zeta-ophiuchi-110125.jpg

Date:	2011-02-14	**door:**	Wimre
Kunstenaar:	NASA/JPL-Caltech/WISE Team	**License:**	Public domain

[i58] - 003_003_002_image_spektrum.jpeg
https://upload.wikimedia.org/wikipedia/commons/5/52/Globular_Cluster_NGC_1850%2C_Take_Two_%2852515824723%29.jpg

Date:	Taken	**door:**	OptimusPrimeBot
Kunstenaar:	NASA Hubble	**License:**	Public domain

[i59] - 003_003_003_image_infrarotstrahlung.jpeg
https://upload.wikimedia.org/wikipedia/commons/f/f7/Infrared_Helix.jpg

Date:	2006-01-09	**door:**	Mywood
Kunstenaar:	NASA/JPL-Caltech/J. Hora	**License:**	Public domain

[i60] - 004_001_001_image_neutronenstern.jpeg
https://upload.wikimedia.org/wikipedia/commons/2/23/Neutron_Star_X-ray_beaming_with_accretion_disk.jpg

Date:	2014-10-08	**door:**	Raphael.concorde
Kunstenaar:	NASA	**License:**	Public domain

[i61] - 004_001_001_image_schwarzes_loch.jpeg
https://upload.wikimedia.org/wikipedia/commons/a/ab/Black_hole_%28NASA%29.jpg

Date:	2001-10-22	**door:**	Keraunoscopia
Kunstenaar:	NASA/D. Berry	**License:**	Public domain

[i62] - 004_001_001_image_gravitationslinsenwirkung.jpeg
https://upload.wikimedia.org/wikipedia/commons/d/df/Gravitational_lensing_equation.png

Date:	2009-12-05	**door:**	Abeshenkov
License:	Public domain		

[i63] - 004_001_002_image_akkretionsscheibe.jpeg
https://upload.wikimedia.org/wikipedia/commons/a/a6/Black_Hole_with_Accretion_Disk_Visualization_%28SVS14619_-_1-Approaching_a_black_hole-HD_00001_print%29.jpg

Date:	17 July 2024	**door:**	OptimusPrimeBot
Kunstenaar:	NASA's Scientific Visualization Studio - Caltech-IPAC/Robert Hurt, Caltech-IPAC/Keith Miller, NASA/JPL/Chelsea Gohd, Global Science and Technology, Inc./Ella Kaplan, NASA/GSFC/Mark SubbaRao	**License:**	Public domain

[i64] - 004_002_001_image_extragalaktische_strahlungsquelle.jpeg
https://upload.wikimedia.org/wikipedia/commons/3/31/Extragalactic_Space_Balls.jpg

Date:	2010-10-27	**door:**	Spitzersteph
Kunstenaar:	NASA/JPL-Caltech/T. Pyle (SSC/Caltech)	**License:**	Public domain

[i65] - 004_002_001_image_hintergrundstrahlung.jpeg
https://upload.wikimedia.org/wikipedia/commons/e/ed/WMAP_2012.png

Date:	2012-12-21	**door:**	Ayane m
Kunstenaar:	NASA / WMAP Science Team	**License:**	Public domain

[i66] - 004_002_001_image_cherenkovlicht.jpeg
https://upload.wikimedia.org/wikipedia/commons/f/f5/Reactor-core-from-above-1400-opt_tcm18-278435.jpg

Date:	2020-10-16	**door:**	TheGamingEagle
Kunstenaar:	University of Massachusetts, Lowell	**License:**	Public domain

[i67] - 004_002_002_image_aktiver_galaktischer_kern.jpeg
https://upload.wikimedia.org/wikipedia/commons/5/5a/A_Double_Nucleus_in_Active_Galaxy_Markarian_315_%281993-03-92%29.jpg

Date:	7 January 1993	**door:**	OptimusPrimeBot
Kunstenaar:	Photo Credit: J. MacKenty (STScl), and NASA.	**License:**	Public domain

[i68] - 004_002_002_image_supernova.jpeg
https://upload.wikimedia.org/wikipedia/commons/d/d4/Keplers_supernova.jpg

Date:	The Chandra observations were taken in June 2000, the Hubble in August 2003, and the Spitzer in August 2004.	**door:**	BevinKacon
Kunstenaar:	NASA/ESA/JHU/R.Sankrit & W.Blair	**License:**	Public domain

[i69] - 005_001_001_image_iridiumflare.jpeg
https://upload.wikimedia.org/wikipedia/commons/8/83/Iridium_flare_20080807.png

Date:	2008-08-07	**door:**	Georange
Kunstenaar:	Gyorgy Jakubisz	**License:**	Public domain

[i70] - 005_001_002_image_satellitenkonstellation.jpeg
https://upload.wikimedia.org/wikipedia/commons/e/e2/GPS-constellation-3D-NOAA.jpg

Date:	2008-05-27	**door:**	Kf4yfd
Kunstenaar:	U.S. Govt Source	**License:**	Public domain

[i71] - 005_001_003_image_nachfuehrung_astronomie.jpeg
https://upload.wikimedia.org/wikipedia/commons/e/e5/ICESat_O1-01-Star_Tracker.jpg

Date:	Taken	**door:**	Pline
Kunstenaar:	NASA	**License:**	Public domain

[i72] - 005_001_003_image_strichspur.jpeg
https://upload.wikimedia.org/wikipedia/commons/f/f2/International_Space_Station_star_trails_-_JSC2012E039800.jpg

Date:	2012-04-05	**door:**	Spideog
Kunstenaar:	NASA/Don Pettit	**License:**	Public domain

[i73] - 005_003_002_image_kosmologie.jpeg
https://upload.wikimedia.org/wikipedia/commons/2/2d/WMAP_2010.png

Date:	2010-07-14	**door:**	LobStoR
Kunstenaar:	NASA	**License:**	Public domain

[i74] - 005_003_003_image_hyperwuerfel.jpeg
https://upload.wikimedia.org/wikipedia/commons/7/78/5_Dimensional_Hypercube_With_Hidden_Lines.jpg

Date:	2024-03-22	**door:**	Tigerfarm1
License:	CC0		

[i75] - 005_003_003_image_polytop.jpeg
https://upload.wikimedia.org/wikipedia/commons/5/55/Hemitesseract-graph.png

Date:	2024-07-25	**door:**	Tomruen
License:	CC0		

FSC
www.fsc.org
MIX
Papier | Fördert gute Waldnutzung
FSC® C083411

Kolibri 360 GmbH
Ferdinand-Jühlke-Straße 7
99095 Erfurt, Deutschland
produktsicherheit@kolibri360.de